剖面手册
MANUAL
OF
SECTION

目录

剖面：垂直切片

引言

在建筑设计与实践中，剖面因其综合性的特点而具有举足轻重的地位；本书旨在介绍一系列方法，用以理解剖面的复杂性及其重要地位。事实上，关于特定建筑剖面的探讨在建筑研究与实践中司空见惯，但关于剖面的评价却缺乏通用而统一的标准。剖面有哪些不同类型，各有什么作用？建筑师如何设计这些剖面？为什么建筑师使用某种剖面构成方式，而非其他？本书尝试就以上问题进行探索，提供概念性、物质性、指导性的框架，使读者全面了解作为设计手段而存在的建筑剖面。

我们的工作被一种信仰鼓舞：建筑剖面是建筑革新的关键。考虑到环境和材料的挑战构架了21世纪的建筑实践，剖面蕴含着众多可能性亟待开发，为创建结构、能量、功能三者的交集提供了探索的机会。另外，剖面是空间、形式、材料与人的体验交互的场所，最明确地建立了身体与建筑的关系，并反映了建筑和场地环境的相互作用。

作为建筑实践者和教育工作者，我们将剖面作为建筑表现形式之一，并将其作为空间和材料创新的有效工具，对这两者给予了同样的关注。本书将呈现清晰的结构，启发围绕建筑剖面展开的多元对话，以便建立针对探索性、实践性建筑的讨论基础。本书提供了63座代表性建筑的详细剖透视图，分为7种不同的类型，为学生、建筑师和其他读者进一步理解剖面奠定基础。

剖面是什么？

我们从一个看似显而易见的问题"剖面是什么？"开始本书的讨论。在建筑制图中，"剖面"作为术语通常被描述为对建筑体量垂直的剖切。剖面是垂直横断面的展示，通常沿主轴线切开物体或建筑。剖面同时揭示了物体的内部外部条件，展示建筑的内部空间、材料、分隔内外的隔膜或墙体，为读图者提供该物体不常见的视角。该表现手法将形式与图像上的幻想，落实到描述不同层次的建筑知识中——从使用实体填充或留出缝隙来强调形式轮廓的建筑剖面，到通过线条和图例表示材料的建造细节上。在正投影剖面中，室内空间可以通过主要建筑表面的室内展开图描述；另外，使用透视投射绘制的剖面图将剖面和透视相结合，展示了内部空间的深度。

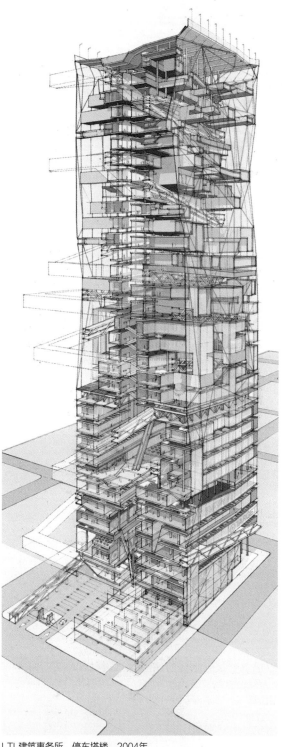

LTL建筑事务所，停车塔楼，2004年
LTL Architects, Park Tower, 2004

由于剖面是对物体不直接可见部分的可视化表达，相较于照片、渲染图等，剖面是理解建筑更为显性的方法，是抽象化的呈现。剖面提供了认知的独特形式，它根据需要，将重点从图像转移到表现，从表皮转移到结构与建构逻辑相结合的物质性表达。与此同时，剖面体现了关于呈现经验与建筑空间的诸多内容，为尺度与比例、视线与视野创建明确的交集，让人能触摸并到达一个被想象出的垂直维度视角（与自上而下的视角相反）。在剖面中，墙体与表皮的室内展开图凸显，结构与装饰、外壳和内部合并，供人审视与探索。

平面和剖面是类似的、具有代表性的建筑表现技法，两者亦有重要的对比点。它们都描述了不能被人眼直接感知的建筑关系，介于建筑体量和空间之间。它们都描述了"剖切"——一个是水平方向，另一个是垂直方向。平面主要沿墙体而非楼板进行水平剖切；剖面不仅能沿墙体和楼板切割，还能以站立者的尺度垂直校准空间的大小和规模，并进行空间组织。平面通常被认为是设计机构的核心工作，而剖面被理解为通过结构与外围来显示平面效果的方法。与从空间结果来区分的平面类型相比，剖面类型通常从切割的尺度进行定义：场地剖面、建筑剖面、墙体剖面、细部剖面。墙体及细部剖面把技术问题放在首位，使用通用图例中的线条、填充及明暗，并且描绘材料系统和构造方式。场地剖面的重点是建筑体量和周围环境的关系，削弱了内部空间的作用。在建筑剖面中，关于正式的、社会性的、组织性的、政治性的、空间的、结构的、热量的、技术的一系列重要问题才真正起作用。

剖面的当代论述

剖面并没有被限定为一种表现技法。如今，剖面被广泛应用于建筑设计图解、测试、研究之中。剖面阐明了建筑结构和位于基础和屋顶之间的空间的相互影响。结构的重力沿建筑垂直传递，风荷载横向分布于剖面的四周。创造性地抵抗这些力量所需的材料研发和空间创造，可以在建筑剖面中得到最好的探索和描述。

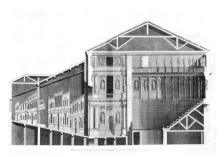

安德烈亚·帕拉第奥去世后奥塔维奥·贝尔托蒂·卡莫齐绘制，奥林匹克剧院设计，1796年
Ottavio Bertotti Scamozzi after Andrea Palladio, Teatro Olimpico, 1796

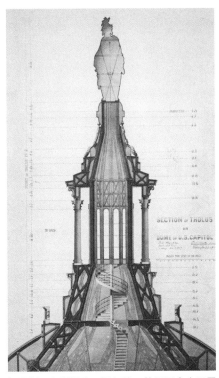

托马斯·乌斯提克·沃尔特，美国国会大厦圆顶，1859年
Thomas Ustick Walter, US Capitol Dome, 1859

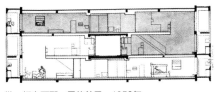

勒·柯布西耶，居住单元，1952年
Le Corbusier, Unité d'Habitation, 1952

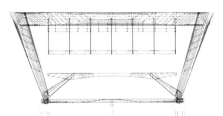

阿方索·爱德华多·雷迪，现代艺术博物馆，1967年
Affonso Eduardo Reidy, Museum for Modern Art, 1967

热力学层面的剖面

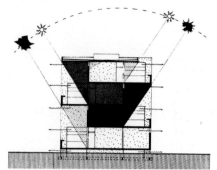

坎迪利斯·尤西克·伍兹，阴影图解，1968年
Candilis Josic Woods, Shading Diagram, 1968

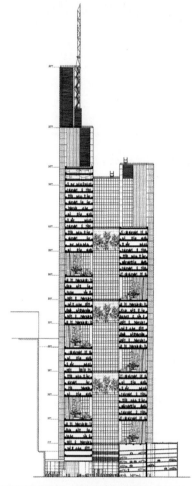

福斯特建筑事务所，德国商业银行总部，1997年
Foster + Partners, Commerzbank Headquarters, 1997

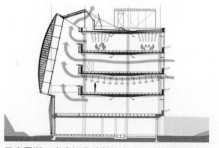

巴克霍斯·麦克沃伊建筑事务所，利默里克郡议会，2003年
Bucholz McEvoy Architects, Limerick County Council, 2003

随着能源和生态问题在建筑设计中的地位日益提高，剖面将承担更为重要的作用。热能在剖面中流动。冷空气因比重大而下沉，热空气上升。太阳东升西落。空间的垂直标度对于适应环境性能的建筑创新和创造尤为重要。建筑师需严格考虑建筑的悬挑与孔洞，以便高效应对太阳辐射；室内空间应尽量实现最大化的空气对流；墙厚应通过保温计算确定，等等。建筑师和工程师都渴望着能够达到可持续认证标准，于是他们使用剖面图阐明设计，表明其符合热力学性能及规律，用阵列的箭头来表示热量的流动。这种重点考虑能量效率的方式把剖面所带来的机会置于重要地位，但却将剖面创新定义为功能性的任务，限制了剖面在空间上的实践性与可能性。

尽管剖面是建筑绘图类型之一，是提升空间品质的关键方法、结构设计和热力性能的重要组成部分，但针对剖面的相关学术研究和论述却是相对匮乏的。关于平面图的历史和影响的论述已经在文献中确定下来，但是关于建筑实践中剖面的历史、发展和应用却没有书籍加以阐述。只有一些关于剖面的论文出版，其中被引用最多的莫过于25年前甚至更久的两篇文章：沃尔夫冈·洛兹（Wolfgang Lotz，1912—1981年，德国艺术史学家）的《文艺复兴时期建筑制图中的室内渲染》和雅克·吉尔瑞姆（Jacques Guillerme）与海伦·韦兰（Hélène Vérin）的《剖面考古》。有趣的是，这两篇文章在建筑教育和描述建筑剖面本身之外，另有动机。

这种缺少关注的状态也许是由剖面所扮演的模糊不清的角色直接造成的。通常情况下，剖面并非推敲建筑形式的手段，而是设计成果表达的方式，用以标明建造中结构与材料的状态。所以，当我们关注剖面作为一种表现技法的地位时，我们认为，思考与设计剖面，需要关于剖面的论述构架，并将其视为创造力产生的场所。

剖面的启发性结构

在创造富有意义、易于理解的剖面的讨论机制中，首要的挑战是缺乏语言以提供通用框架作为参考。为了填补这一空白，我们设计了基于七种不同剖面形式的分类体系：拉伸、层叠、切削、变形、穿孔、倾斜与嵌套。绝大多数的剖面关系能被这七种类别中的某一种或几种描述。这些类型被有意地还原，以便让人们识别起来更为简单；而它们又很少属于单一的形式。事实上，经过细致的推敲，鲜有项目仅完美地契合某一类型的剖面，都展现出了两种或以上的类型特征。但是在本书的分类中，项目的哪一种剖面类型更占优势，那么它就被指定到该种类型中。

我们的目的并非是将剖面类型过于理想化，以致和现实分离。事实上，一座建筑的剖面虽然可归入某种类型，但并不代表这种划分有何特定意义。当然，出于对建筑可能性的尊重，我们将这些类型作为启发式框架，用以构建关于剖面与材料、文化、自然系统的交叉体系的论述。我们旨在了解更多的方法，探究多种剖面类型的应用方式，以及各种类型之于建筑的适用法则。随着思辨的深入，每种剖面类型增添了独特的地位（Capacity），从空间通识（Shared sense）的构建到热力性能（Thermal performance）的简化表达，从空间秩序的确定到内外空间交汇的扩展。

以下术语和定义将在随后的文字中被更详细地解读：

拉伸：平面由二维直接拉伸出高度，足够应对预设的空间使用目标。

层叠：不同层次的楼板直接垂直叠加——由拉伸的剖面形式重复排列，可简单重复，也可发生变化。

变形：将建筑中一个或多个初始水平表面进行变形以雕塑空间。

切削：运用裂缝，沿建筑的水平或垂直轴线剖切以形成剖面的变化。

穿孔：设置任意数目或尺度的穿透平板的孔洞，在剖面中激活楼层中的消极空间。

倾斜：对于可用的水平面进行倾斜操作，将平面倾斜为剖面。

嵌套：将清晰的体量相互交错或者重复排布而创造的剖面。

63个已建成作品的一点透视剖面图构成了本书的主要部分。我们选择这些项目，因为它们代表了一系列的剖面手法，形成的工作体系有利于日后的学习、发展和探究。特定的项目以某种清晰的、描绘性的方式阐明了任一种剖面类型。其他项目展示了剖面图的复杂性和创造性的方法，通常并入了两种及以上的类型，构成了一系列新的形式，超越了某一种孤立的特定类型。

所有项目均为20世纪以后的作品，时间框架伴随标准化、工业化建造方法的广泛应用，形成历史的轨线。这些方法往往导致了重复性的层叠式剖面的产生，为剖面创造了新的需求，即作为调查和创新的载体。我们仅收录已建成的作品，目的是确保有足够的文献资料可揭示剖面的建构逻辑，并确认剖面的复杂性未被构造性取而代之。

剖透视图

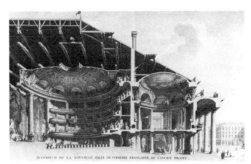

查尔斯·德威里，法兰西喜剧院，1770年
Charles de Wailly, Comédie-Française, 1770

雅克·日尔曼·苏夫洛，万神殿，由亚历山大·西奥多·布隆尼亚尔绘制，约1796年
Jacques-Germain Soufflot, Pantheon, drawing by Alexandre-Théodore Brongniart, ca. 1796

亨利·贝塞麦，轿车轮船，1874年
Henry Bessemer, saloon steamer, 1874

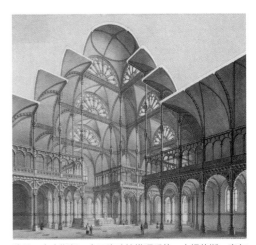

路易·奥古斯都·布瓦洛咬接拱顶系统，由提伯斯·塞尔维恩·罗伊尔绘制，约1886年
Louis-Auguste Boileau, system of interlocking arches, drawn by Tiburce-Sylvain Royol, ca. 1886

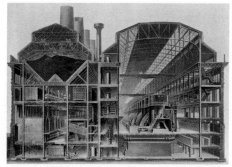

麦金、米德和怀特建筑事务所，区间高速交通发电站，1904年
McKim, Mead & White, Interborough Rapid Transit Powerhouse, 1904

雅克·赫曼特，法国兴业银行，1912年
Jacques Hermant, Société Générale, 1912

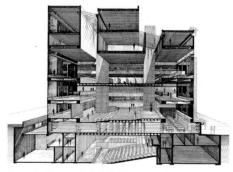

保罗·鲁道夫，耶鲁大学艺术与建筑学院，1963年
Paul Rudolph, Yale Art and Architecture Building, 1963

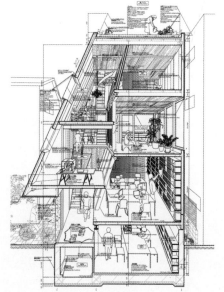

犬吠工作室，犬吠住宅，2005年
Atelier Bow- Wow, Bow- Wow House, 2005

对于这63个作品的分析与评价已不胜枚举，但大多数文献的分析逻辑是将作品归纳为相互独立的几部分——该方法会引导人们认为，理解建筑复杂性的最好方法是将其分解为单独的概念。我们的方法与此相反。我们志在通过单一的、细致的图纸，描绘使建筑引人入胜的各种纠缠要素。剖透视图有意将客观、可测的剖面信息与主观、视觉透视逻辑合为一体。如此，本书所创之图纸以事实为根据，引导读者进入丰富的空间体验。这些图纸既简要又拟真，既具分析性又充满描绘性。它们构建了这种表现技法的历史，来源各不相同，例如布扎体系的一丝不苟的绘图风格，工业时代的技术图纸，保罗鲁·道夫用排线渲染法描绘的复杂奇景，以及犬吠工作室融合了细部构造与内部活动轮廓的混合风格。

以单个剖透视图的标准化的视角来代表一个项目，为项目之间的比较提供了方便。为了创作这些图纸，我们建立了三维模型，确定剖面角度正对纸面，而非是斜的，或是透视的角度。接下来，设立单一灭点，调整透视镜头以容纳室内空间与表皮，由此确定剖切平面与组成项目的垂直表面的视觉一致性。我们从每个模型中输出二维线稿，并在矢量绘图工具中加以调整和改进。完成图遵循剖面图的惯例，例如，分隔建筑表面和室外环境的外轮廓线用最粗的线条标记，较细的线条则用于描绘实体剖切内部的次级材料区分，或是外轮廓线以外的表皮细节。

这些图纸区别于将结构的退化显露于肉眼可见剖面的考古遗迹图纸。既然我们无法真的"剖切"那些建成作品，我们的成果依赖于其他图纸与图像的分析，以此创造精确的、关于物质条件的评定。这些图纸本身近乎于已建成情况的真实反映，因此会激发关于历史准确性和建造知识等颇具吸引力的问题。本书的工作基于摄影、图纸、文字，以及尽可能搜集到的原始的建造图纸档案，和/或直接从建筑事务所得来的电子文件。本书中的图纸尽可能按照实际情况精确表达，表现方法易于获取，但绝对的精确并不存在，这也是剖面图作为表现技法之一的固有属性。

除了创作这63个剖透视图以外，我们还收录了建筑史上有历史标志性的，或者引人入胜的剖面图纸。这些剖面图像与相对应的文字，包括一些未建成作品，是为了展示使用剖面进行建筑形式的描绘与生成的丰富可能性。我们划分出一个章节讲述本工作室（LTL建筑事务所）使用剖面作为生成设计工具的方法，作为63个项目的补充。这一部分描绘了将剖面图与透视图合为一体的更进一步的探索，在此剖面剖切能被融入透视图中，而在探究性项目中，剖面作为空间和活动交织的生成器。

剖面类型与表现

拉伸、层叠、切削、变形、穿孔、倾斜与嵌套是剖面操作的独立、初步的方法。为了使阐述更清晰，它们以不同的模式加以展示，但却很少属于孤立的操作模式。展现了最复杂剖面的建筑呈现出各种模式的混合特征。然而，类型的差异性有利于清晰有力地表达建筑剖面是如何被设计、被理解的。

拉伸

将平面拉伸一定高度，以满足预想的活动需求是最基础的剖面形式。拉伸型剖面在垂直轴线上几乎没有变化。绝大多数建筑都基于这种高效的剖面形式进行设计，包括大多数单层办公建筑、零售机构、大型商店、工厂、单层住宅和公寓楼。通常以混凝土平板、直线钢或木框架建造，与整体建筑容积相比，这种形式让使用空间最大化。更复杂的剖面品质的阐述受限于模式的高效性。过于复杂的剖面会导致建筑可用面积的减少。在拉伸型剖面中，空间更多的是由平面或次一级的立面所激活的。相较于其他剖面类型的发展，此种剖面类型较为平庸，经常缺乏显著的变化，尽管有时它没能达成通常的高效性，却能创造有趣的效果，比如幽闭恐惧症与广场恐惧症。人们可以找到非常低矮的拉伸型剖面，例如斯派克·琼斯电影《成为约翰·马尔科维奇》（*Being John Malkovich*）中的半层剖面；或是异常高耸，比如皮埃尔·奈尔维的劳动宫。在拉伸型剖面中，屋顶经常是设计标新立异之处，重点是结构的结合处，以及屋顶表面的纯粹程度。

考虑到直接由平面拉伸的剖面很少能具有标志性，因此，本书仅有几个建筑纯粹基于拉伸型剖面。拉伸型剖面的关键在于，该结构分离了楼板与天花板（或屋顶）。例如菲利普·约翰逊的玻璃屋，从平面常规位置中拉伸出的钢柱成为了空间的焦点。玻璃幕墙有将立面转换为剖面的作用。这一系统的不规则之处在于沐浴区和壁炉，它们合为一体，容纳于砖砌圆筒状的突出体量之内，以隐藏整个房屋的铅制管道和制热设施，并保持了剖面图解的清晰性。

拉伸型剖面

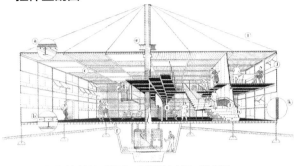

洛夫·拉普森与埃罗·沙里宁，可拆卸的空间，1942年
Ralph Rapson and Eero Saarinen, Demountable Space, 1942

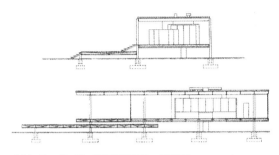

密斯·凡·德·罗，范斯沃斯住宅，1951年
Ludwig Mies van der Rohe, Farnsworth House, 1951

密斯·凡·德·罗，芝加哥会议中心，1954年
Ludwig Mies van der Rohe, Chicago Convention Center, 1954

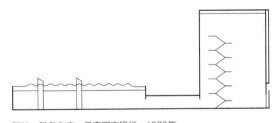

阿纳·雅各布森，丹麦国家银行，1978年
Arne Jacobsen, National Bank of Denmark, 1978

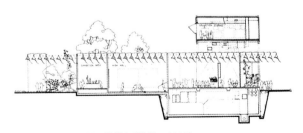

伦佐·皮亚诺，梅尼勒艺术博物馆，1986年
Renzo Piano, the Menil Collection Museum, 1986

层叠型剖面

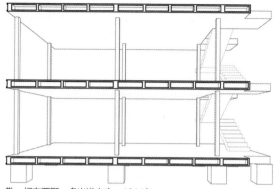

勒·柯布西耶，多米诺之家，1914年
Le Corbusier, Maison Dom-ino, 1914

安东尼·雷蒙德与拉吉斯拉夫·雷达，百货商店原型，1948年
Antonin Raymond and Ladislav Rado, prototype for a department-ment store, 1948

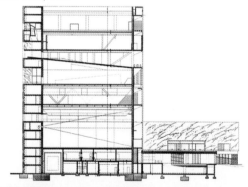

大都会建筑事务所，艺术与传媒科技中心，1989年
OMA, Center for Art and Media Technology, 1989

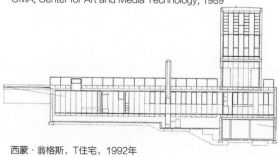

西蒙·翁格斯，T住宅，1992年
Simon Ungers, T-House, 1992

层叠

层叠型剖面是将两层或两层以上空间彼此叠置，层与层之间几乎没有联系的一种剖面类型。该类型剖面能增加房屋的建筑面积和空间容量，却不增加其占地面积，从而增加房产的价值。提升经济价值是使用层叠型剖面的基本驱动力。重复性的层叠与拉伸操作类似，若被规范、造价或结构稳定性完全束缚，则布局毫无新意。或者，也可通过不同类型与形式的楼层相叠，形成层状空间。层叠操作本身并不营造室内效果。例如，在办公或居住建筑中，除却垂直交通以外，楼层之间可能互不联系。

层叠型剖面建造简便，因此少有新意；该剖面的均质性保证了使用的高效性。相比于在剖面中引入变化，建造相同的楼层能进一步降低成本；从图纸、模板到施工时序，所有泰勒主义的专业知识仍然适用。

在功能较为单一的建筑中，由平面拉伸形成的楼层很少有空间变化。然而，设计师会运用不同层状空间的高度差异创造多样的形式。著名的例子是斯塔雷特和范·弗利克（Starrett & Van Vleck）的市中心运动俱乐部，该建筑共35层，层高各异，从卧室适用的6英尺（1.8米）高，到体育馆的23英尺6英寸（7.2米）高，共计19种。雷姆·库哈斯曾在《癫狂的纽约》中精辟阐述了该建筑内部的"拥挤文化"，每个"叠加平台"都包含不同的空间，具有多种用途，营造独特体验。建筑的张力来源于每层的剖面自主性；层叠型剖面亦能具备形式的吸引力。"该俱乐部的每层空间都仿佛一个独立的、完全不可预测的阴谋，向动荡的都市生活投降。"这段文字的关键在于指出市中心运动俱乐部的剖面不存在环游中庭，光线亦不连通。相反，仅仅通过电梯的上下穿梭，整个建筑的行为叙事得以展开，剖面被分解为几个段落。市中心运动俱乐部的设计十分独特，建筑组织与剖面形式高度契合，例如体育馆、游泳池、手球场与壁球场都需要特定的层高，与之相关的小空间则同层布置。*

---

*2003年，该建筑被改建为公寓。两座公寓之间交错的部分保证了平面的基底面积，因此至关重要；同时，特殊的剖面形式虽已不承载具体功能，却仍以结构存在——与地标性的立面相结合，极具趣味性。

虽然市中心运动俱乐部将它的剖面变化隐于静默的立面之后，但在层叠型剖面中每层变化的手法已被其他建筑师学习并产生独特的建筑形象，例如MVRDV建筑事务所2000年设计的汉诺威世博会荷兰展馆。将多层空间如同蛋糕一般叠置，MVRDV建筑事务所运用该设计逻辑在建筑内并置了完全不同的建筑空间，从充满"树木"的柱状大厅，到现浇混凝土结构的"石窟"空间，从桁架结构的屋顶再到屋顶之上的风力涡轮机装置。每个楼层独一无二，空间变化多样，通过剖面展示了建筑与环境相容的不同形式。层状空间之间唯一的连接通过建筑外部的楼梯与电梯完成，强调了每个区域的独立性。

层叠型剖面是基于多层平面，利用重复层叠的方法，只在楼层高度上加以变化的剖面设计手法。保持每层外轮廓不变的同时调整楼层高度，SANAA建筑事务所利用该原则设计了迪奥旗舰店，该建筑因优雅的操作而颇具魅力。相比之下，彼得·卒姆托的布雷根茨美术馆设计被视为独立体量，交错与层叠在整体空间内完成。服务空间与照明系统藏于建筑的层状空间之内，整个建筑嵌套于双层玻璃表皮之中。

在美国伊利诺理工学院皇冠厅的设计中，密斯·凡·德·罗将层叠型剖面隐藏于单一建筑形式之下。事实上，巨大的外露结构梁虽强调了建筑的轮廓，但仅仅支撑主要楼层的屋顶。下层的半沉式地下空间则更为实用，并由承重墙支撑。由连续的垂直钢构件撑起的外部幕墙，掩盖剖面的层状关系，增强了单一体量建筑的体积感。

层叠型剖面限制了空气和水的热力学运动。为使热力系统正常运转，会在垂直管井中加以泵送与推动。路易斯·康的萨尔克生物研究所利用这种相互隔绝的条件营造了最佳空间效果。为了满足实验室对机械系统的严格要求，并确保空间是无柱的，路易斯·康在每个实验室的顶层设置专门的设备层，屋顶结构采用空腹桁架。实验室与设备层一一对应形成三组，组成该建筑的层叠型剖面。

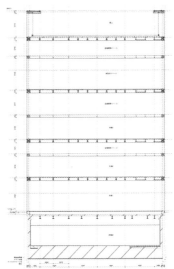

SANAA建筑事务所，表参道迪奥旗舰店，2003年
SANAA, Christian Dior Omotesando, 2003

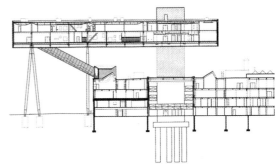

威尔·艾尔索普，安大略艺术与设计学院，2004年
Will Alsop, Ontario College of Art and Design, 2004

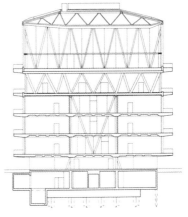

克里斯汀·克里兹，劳琴巴赫学校，2009年
Christian Kerez, school in Leutschenbach, 2009

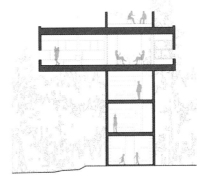

格鲁克建筑事务所，塔式度假别墅，2012年
GLUCK+, Tower House, 2012

变形式剖面

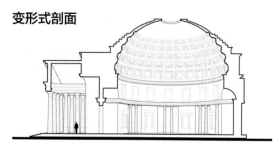

万神殿，公元128年
Pantheon, AD 128

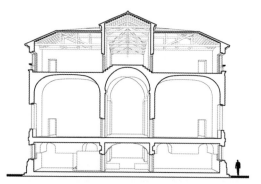

安德烈亚·帕拉第奥，弗斯卡利别墅，1560年
Andrea Palladio, Villa Foscari, 1560

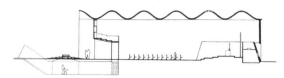

艾拉迪欧·迪斯特，工人基督教堂，1952年
Eladio Dieste, Church of Christ the Worker, 1952

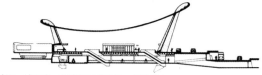

埃罗·沙里宁，杜勒斯国际机场，1962年
Eero Saarinen, Dulles Airport, 1962

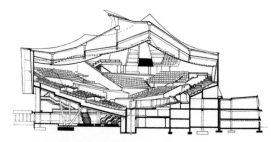

汉斯·夏隆，柏林爱乐音乐厅，1963年
Hans Scharoun, Berlin Philharmonic Concert Hall, 1963

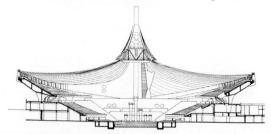

丹下健三，代代木国立综合体育馆，1964年
Kenzo Tange, Yoyogi National Gymnasium, 1964

变形

变形式剖面是通过连续水平表面的变形来雕琢空间的剖面手法。这将为剖面创造体量变化，可能发生在地面、天花板或兼而有之。变形式剖面可以展现极其丰富的拓扑美学。对天花板的调整不会影响平面效率，因此更为常见。帐篷、圆顶建筑、顶棚结构体育场、砌体承重结构大教堂均可被归纳为变形式剖面。结构与剖面紧密配合是变形式剖面建筑的特点之一，结合拱顶结构、壳体结构、穹顶结构或拉伸膜结构，屋顶形式得以与重力荷载、结构跨度相互适应。在费利克斯·坎德拉（Félix Candela）的大多数设计中，剖面展现了结构与形式的完美结合，如他的洛斯·马南蒂亚莱斯餐厅的设计，建筑师利用薄壳混凝土建造双曲抛物面形式的屋顶，令人叹为观止。该项目本质上是结构图解的现实表达。马塞尔·布劳耶（Marcel Breuer）设计的纽约亨特学院图书馆是该结构形式的另一范例，它将"花萼"形状的柱状模块组装为重复性的变形式剖面。相比而言，鲁道夫·辛德勒（Rudolph M. Schindler）的贝纳蒂小屋则采用了更为传统的框架形式，将等边三角形纵向排列，两两以螺栓连接，成为了"A"形框架式建筑的早期范例。该建筑的主要起居空间位于较窄的阁楼卧室之下，结构具有高效性，亦符合当地阿尔卑斯山的建筑审美风格。

在过去一个世纪中，建筑形式由平板结构主导，因而变形式剖面出现的频率略低。回想勒·柯布西耶的多米诺体系原型，承重结构与围护结构的分离使空间的连接从剖面转移到了平面。正如柯林·罗（Colin Rowe）在"理想别墅的数学"一文中略带讽意地提到，勒·柯布西耶在斯坦因别墅（Villa Stein）设计中"自由平面替换了自由剖面"。* 变形式剖面经常出现于需要社交空间与集会空间的建筑中，例如大多数的宗教建筑。在教堂或犹太礼堂中，天花板经常用于在统一体量内建立视觉焦点。

若把同为宗教建筑的万神殿与朗香教堂进行对比，两者均运用变形式剖面，一个向上凸出，一个向下凹陷。两者均在剖面中强调自然光在空间中的引入，亦清晰地交代了屋顶与结构的不同交接方式。相比之下，阿尔瓦·阿尔托设计的塞伊奈约基图书馆处于更为世俗的背景中，建筑师运用复杂且具有雕塑感的屋顶，强调图书馆整体空间下分区的合理性，并在层状空间中进行光线设计。另外，阿尔托将地面分层，在整体空间中心设置半层下沉的阅读区，不仅为读

*柯林·罗认为，由帕拉迪奥设计、位于马康坦塔的佛斯卡里别墅的剖面自由性是存在争议的，换而言之，"剖面自由性"这一定义本身即存在商榷。正如他在这篇文章中所阐述的，剖面甚至可与体积模型相关。

者提供私密性，亦保证阅读区与图书流通台的视线通达性。

通常只有单层建筑或多层建筑的顶层才会出现异形屋顶，而屋顶外表面则很难在不借助空腔、吊顶和拱腹的条件下实现。因此，调整结的外部空间以保证内部微环境的稳定性，可能是使用变形式剖面的原动力之一，也间接塑造了屋顶形式。我们可从约恩·伍重（Jørn Utzon）设计的巴格斯韦德教堂中找到实证，设计师运用双层屋顶体系创造了复杂的曲线形内部天花板，外部却是简化的箱形体量。剖面揭示了外部体量与内部天花板之间的松散联系：外部回应气候条件，内部营造符合宗教氛围的光环境与声环境。

当变形式剖面出现在楼层中破坏平面的水平性时，建筑师一般会将功能空间集群布置，尤其以静态空间为主。剧院、礼堂和教堂经常呈现为变形式剖面。该类型经常用于创造特殊形式的屋顶造型，以营造独特声学效果。作为使用倾斜楼板的典型案例之一，克劳德·巴夯与保罗·维利里奥设计的圣伯纳黛特杜班雷教堂将剖面依照外部形式进行变形，将屋顶与楼板进行雕塑化处理，以强化基于倾斜体量的空间阅读。同样地，SANAA建筑事务所的劳力士学习中心在变形的楼板与屋顶面之间进行了垂直方向非线性的围合。建筑底面与地面之间留有空间，使视线通透并富有活性。该学习中心运用了多种剖面手段，可被视为拉伸型剖面与变形式剖面的罕见结合，同时由孔洞激发空间创造。相似的例子还有伊东丰雄（Toyo Ito）设计的台中大都会歌剧院，该项目在剖面中将变形与多种其他手法相结合。然而，雕塑化的变形混凝土形式在剖面中十分抢眼，占主导地位，在提供核心空间的同时，与重复性的层状空间形成鲜明对比。

然而，我们也要充分认识到变形式剖面并不等同于对复杂地形进行建筑转译。在外交部建筑事务所设计的横滨渡轮码头或韦斯/曼弗雷迪建筑事务所（Weiss/Manfredi）设计的奥林匹克雕塑公园之类的大规模项目中，剖面轮廓依据地景设计，而地形却并不能直接导向内部空间的创作。以上项目或在尺度上扩展，或将形式与地形融合，其剖面更多地体现为地景的延伸或转译，而非以变形式表面被认知或体验。

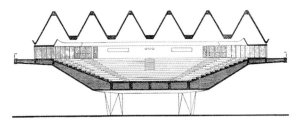

约翰内斯·亨德里克·范登布洛克，代尔夫特礼堂，1966年
Johannes Hendrik van den Broek, Delft Auditorium, 1966

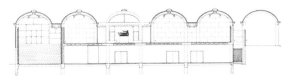

路易斯·康，金贝尔美术馆，1972年
Louis I. Kahn, Kimbell Art Museum, 1972

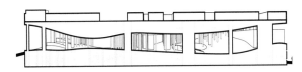

大都会建筑事务所，阿加迪尔会议中心，1990年
OMA, Agadir Convention Center, 1990

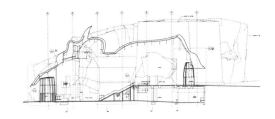

弗兰克·盖里，体验音乐博物馆，2000年
Frank Gehry, Experience Music Project, 2000

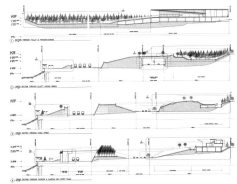

韦斯/曼弗雷迪建筑事务所，西雅图艺术博物馆：奥林匹克雕塑公园，2007年
Weiss / Manfredi, Seattle Art Museum: Olympic Sculpture Park, 2007

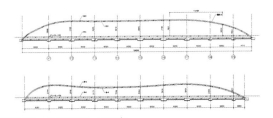

西泽立卫，丰岛美术馆，2010年
Ryue Nishizawa, Teshima Art Museum, 2010

垂直切削剖面

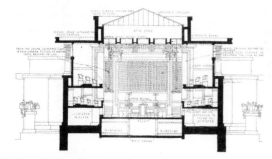

弗兰克·劳埃德·赖特，联合教堂，1906年
Frank Lloyd Wright, Unity Temple, 1906

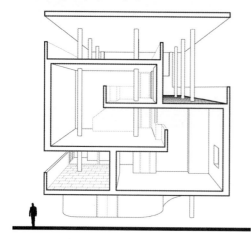

勒·柯布西耶，贝泽住宅（迦太基别墅），1928年
Le Corbusier, Villa Baizeau, 1928

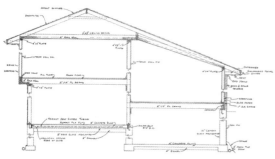

A.J.林库斯，复式住宅，1958年
A. J. Rynkus, Split-Level House, 1958

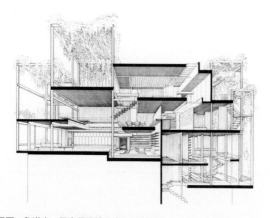

保罗·鲁道夫，贝克曼顶楼公寓，1973年
Paul Rudolph, Beekman Penthouse Apartment, 1973

切削

切削是在垂直或水平维度上创造裂口或切口的剖面处理手法。垂直或水平的不同切削操作会创造迥异的剖面效果，因此对其再设计十分重要。

垂直切削指的是楼层在垂直方向被切割，平面的不连续性与剖面的连续性相互耦合。该操作可在拉伸或层叠型剖面中有效引入光学、热学或声学，却会在一定程度上影响层状空间带来的空间高效性。这种两难的状态饶有趣味，能被建筑师以不同的设计出发点加以利用。在郊区别墅设计中，错层能提供更好的视线联系并促进空气流通。例如，与厨房、餐厅相结合的门厅与车库、公共起居室错层布置，高差为半层，卧室则位于门厅上方。相较于将楼梯单纯作为楼层之间的联系，错层式别墅中的楼梯结合了不同层的空间，使整座别墅被视为楼梯的延伸。

在阿波罗学校设计中，赫曼·赫兹伯格（Herman Hertzberger）引入垂直切削以强化教室与门厅的视线联系，为日常生活创造戏剧化的场景，并使大多数教室免受斜向视线的干扰。该建筑体现了赫兹伯格对"看与被看的适宜关系"的探讨。平面与剖面更为极端的并置，能通过垂直切削得到强化。在布朗大学戈拉诺夫创意艺术中心的设计中，迪勒·斯科菲迪奥+伦弗罗设计事务所（Diller Scofidio + Renfro）为分离的功能空间引入视线交流，使空间活动一览无余。玻璃幕墙确立了由功能组织强化的空间分隔，并削弱了声音干扰。垂直切削创造了从建筑底部一直向上延伸的楼层交叠，不仅能交融建筑的内外环境，更能连接上下楼层以活跃空间。

水平切削通过建筑后退与悬挑的错动创造空间，同时保持平面的连续性与拉伸型楼层的空间逻辑。相比而言，垂直切削是对内部空间的直接影响，水平切削则对外部空间产生较大影响。水平切削的操作由两个因素限定：其一是操作对每层的常规性与系统性的影响程度；其二是不同层之间的相似程度，通常与第一点直接相关。谈起亨利·索瓦（Henri Sauvage）的退台式建筑，首推位于巴黎的海军上将街13号公寓设计。该建筑展现了多重的水平切削与无差别的楼层平面，在水平切削形成的退台一侧创造层叠的露台空间。在该倾斜状的建筑图解中，其中一侧向阳光与天空开敞，另一侧在悬挑部分与地面之间限定空间，下部形成阴影区。亨利·索瓦将两座倾斜体量背向设置，在内部底层空间放置游泳池，运用单一的剖面操作，在私人利益（露台）与公共利益（泳池）之间进行高效的分配与平衡。该建筑对于住宅的解读尤为引人注目，它为层状塔楼模型引入两套空间系统，其一是向天空开敞，视线通透的空间；其二是集成了多种公共活动可能性的空间。该建筑的重复性楼层排布同样为其创造了独特的差异性。另外，它创造了局部到整体的清晰关系，并使景观与建筑之间的连续性更为丰富。水平切削在许多建筑项目中均卓有成效，例如：沃尔特·格罗皮乌斯的沃恩伯格计划（1928年，建筑设想）；勒·柯布西耶的杜兰德项目（DurandProject）（1933年，阿尔及尔），保罗·鲁道夫的曼哈顿下城高速公路方案（1972年，建筑设想）；丹尼斯·拉斯登的宿舍楼设计，分别位于东安格利亚大学（1962年，英国诺维奇）与剑桥大学基督学院（1966年，英国剑桥）；里卡多·列戈瑞达（Ricardo Legorreta）的卡米诺里尔酒店设计（1981年，墨西哥城），以及当代BIG和JDS建筑事务所的作品山形住宅等。山形住宅将停车空间设置在金字塔形、被水平切削的公寓住宅之下，实现了亨利·索瓦在海军上将街13号公寓设计中的经典建筑图解。实际上，山形住宅的停车位数量远超公寓所需，说明建筑形体倾斜角度的增加会创造更多的室外阳台，同时底层仍留有一定的空间冗余度。

水平切削可在单一开放体量中组织多重平台，进而创造集会与交流空间。由韦斯/曼弗雷迪建筑事务所设计的纽约巴纳德学院戴安娜中心利用水平切削清晰组织内部空间，在多层教学建筑中串联公共休息空间，在城市校园环境中创造了斜向的视觉连续性。无独有偶，诺特林·里丁克建筑事务所在荷兰声光研究所中充分利用水平切削带来的空间连续性，悬浮于中庭之上的展览空间底部被切削为锯齿状。人们从入口大厅即能望见地下的多层档案室与地上的层状空间。层叠的楼板被垂直切削，在引入自然光的同时在顶部创造多层的展览空间。多种建筑要素综合，塑造了"庙塔"形式的中庭空间。

对相似层状楼板的重复性水平切削能够创造交错的室外空间；建筑会加设托梁以保证结构的稳定性。围绕核心空间、对建筑外围进行不同数量的水平切削可在片段中显露剖面性，这些片段利用平台、阳台、悬挑与天窗的碎片化形式，比重复性切削形成的大型中庭尺度更加宜人。试举弗兰克·劳埃德·赖特的流水别墅为例，不同尺度的楼板相互错位，在建筑外部呈现剖面效果。平台层层交叠，使人同时感到建筑向上生长与向下层叠，而内部空间被楼板挤压为水平型空间。

水平切削剖面

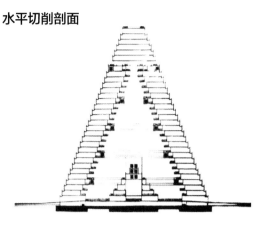

沃尔特·格罗皮乌斯，沃恩伯格计划，1928年
Walter Gropius, Wohnberg proposal, 1928

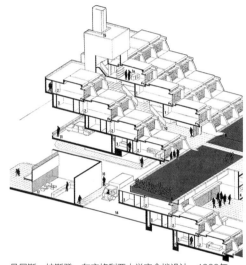

丹尼斯·拉斯登，东安格利亚大学宿舍楼设计，1968年
Denys Lasdun, residence halls, University of East Anglia, 1968

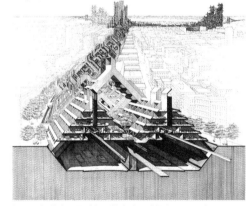

保罗·鲁道夫，曼哈顿下城高速公路提案，1972年
Paul Rudolph, Lower Manhattan Expressway proposal, 1972

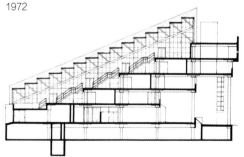

约翰·安德鲁斯，哈佛大学设计研究生院冈德大厅，1972年
John Andrews, Gund Hall, Harvard Graduate School of Design, 1972

穿孔式剖面

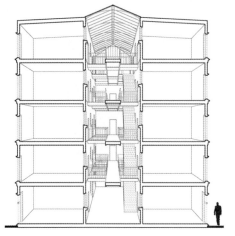

玛丽·加布里埃尔·维尼，拿破仑城，1853年
Marie- Gabriel Veugny, la Cité Napoléon, 1853

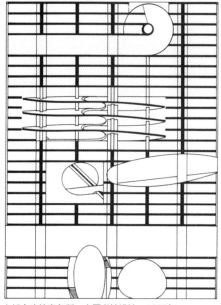

大都会建筑事务所，大图书馆设计，1989年
OMA, Très Grande Bibliothèque, 1989

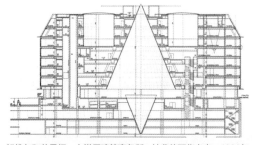

让·努维尔和艾曼纽·卡塔尼建筑事务所，拉斐德百货商店，1996年
Jean Nouvel and Emmanuel Cattani & Associates, Galeries Lafayette, 1996

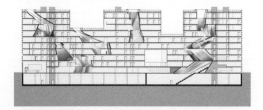

斯蒂文·霍尔建筑事务所，麻省理工学院西蒙斯宿舍楼，2002年
Steven Holl Architects, Simmons Hall, MIT, 2002

穿孔

作为实用的常见剖面手段，穿孔是对板状物进行切削或穿透，以在剖面中对失落空间进行提升的方式。在空间中策略性地布置孔洞可营造特殊的垂直效果。单个小型开口、双层通高空间与多个大型中庭均在本书讨论的"孔洞"范畴之内，尽管其尺度和数量均呈现出相当的差异性。

小型孔洞主要作为建筑内的配套设施空间，包括竖板、管道与管槽；其形制一般不大，不会影响楼层结构的完整性。电梯平衡杆与防火楼梯用于加强整体结构强度，实墙则用于抵抗侧向剪力；以上结构被精确置入垂直孔洞中，因为该小型孔洞并不参与创造楼层间的视觉连续性。*在单层楼板中设置的小型孔洞根据平面需求布置。

大型孔洞多出现于多层建筑中，在层层楼板之间创造空间连续性。该孔洞被用于创造视觉联系并保持光照、声音、气味与热量的连通性。穿孔是单层建筑或多层空间剖面组织的第二层级。

若说对房间尺度进行穿孔组织的宣言式建筑作品，首推勒·柯布西耶的雪铁龙住宅（Maison Citrohan）系列，以及他于1927年德国斯图加特的维森霍夫住宅展览会上进行的实验性创作。建筑师将两层空间切削、后退，形成该建筑的核心组织要素——双层通高的中庭空间。另外，为在建筑中创造光线、视线与声音的交互，该孔洞在图与底、公共与私密、整体与局部之间设定层级。该两层建筑的剖面既清晰又简洁。它并不需要新型建造系统，仅仅是对已有结构的再组织。该孔洞的尺度为周围空间建立统摄关系，创造形式上的双层通高空间。休息室、会客厅、内庭院与起居室均充分利用了该孔洞的组织特殊性。**

我们可在古罗马建筑前室中找到小尺度孔洞的诸多实证，在宽度与数量上均较楼板有更重要的影响。尺度的增大使光线分配（通常是天窗）与空气流动更加高效，同时增强内部空间的重要性。赖特在拉金大厦设计中运用核心中庭组织并聚集工作和活动，使阳光进入建筑，并与机械系统控制下的空气流动相互协调。另外，该大型密

---

*好莱坞热衷运用此类空间作为动作电影的场景——例如《虎胆龙威》《碟中谍》《通天神偷》《生死时速》《特工绍特》以及《盗梦空间》——制作方通过诱发视觉的眩晕感，并特意选取大多数建筑物中通常不可见、不可达的区域，以打造迷惑性的视觉效果。

**由勒·柯布西耶设计的马赛公寓因其雪铁龙式的层叠式剖面而闻名于世。该剖面由垂直镜像的层状空间组成，每三层设有中庭。中庭设有走廊，供三层空间中两侧的公寓房间使用。

闭空间将周围街区铁道的噪声与煤烟隔绝在外，中庭代替外立面成为建筑的焦点。

在该尺度层次上，中庭作为"空间"成为周围房间的中心，而非作为楼层中的"切口"而存在；实例可见于路易斯·康的菲利普斯埃克塞特中学图书馆设计，中庭呈现了清晰的结构组织。在凯文·罗奇和约翰·丁克洛建筑事务所（Kevin Roche John Dinkeloo and Associates）设计的福特基金会总部中，建筑为非对称结构，中庭作为调节内部环境的四季庭院，在南侧和东侧引入自然采光。中庭由北侧和西侧的办公空间、水平切削形成的退台空间、屋顶与地面共同围合。

在纽约马奎斯万豪酒店设计中，约翰·波特曼建筑事务所将中庭运用到极致，将酒店内外环境截然分离，在酒店内部创造壮观奇景。大型前庭给人向上无限延伸的错觉，暴露在开放走廊与层层阳台之外的玻璃升降机进一步加强了视觉冲击力。该中庭共有37层高，以五层为一组，形成局部的水平性切削。在消费型建筑（例如百货公司建筑）中，经常会利用空间奇景制造视觉快感，例如建于1912年的巴黎老佛爷百货公司，以及让·努维尔（Jean Nouvel）在20世纪末为该公司设计的柏林分部。

孔洞是伊东丰雄设计的仙台媒体中心的关键组成部分，在其平面的含蓄与剖面的直白之间创建了有趣的平衡关系。13个孔洞组织起整座建筑，并穿透七层楼板。孔洞内的管道是建筑的交通核与机械管井；管道空间内流动着能量、空气、光线、声音等多种物理形式；同时亦罕见地作为建筑的结构支撑。该管道内部中空，可作为空间使用，扭转的钢格栅结构不仅是剖面的重要组成部分，更成为平面的主要元素，创造每层的活动空间。在仙台媒质机构中，孔洞被结构围绕，为原本相互分离的层状楼板创造了生机与活力。

倾斜

倾斜式剖面是指楼板表面倾斜一定角度并错层连接。倾斜会改变可用平面的角度，有效地将平面旋转至剖面。与层叠、切削、穿孔等手法不同，倾斜会混淆平面与剖面之间的界线。剖面不会因倾斜手法而牺牲平面的高效性。与穿孔类似，倾斜对于剖面的影响取决于其尺度；从窄窄的坡道到整层的斜坡，正如克劳德·巴夯与保罗·维利里奥在他们"倾斜功能"理论中设想的那样。勒·柯布西耶提

倾斜式剖面

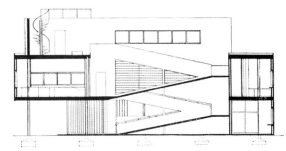

勒·柯布西耶，萨伏伊别墅，1931年
Le Corbusier, Villa Savoye, 1931

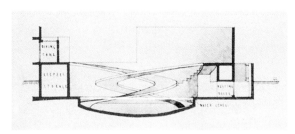

路贝金·德雷克建筑事务所，企鹅池，1934年
Lubetkin Drake & Tecton, Penguin Pool, 1934

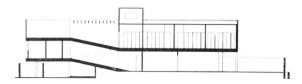

维拉诺瓦·阿蒂格斯，阿尔梅达之家，1949年
Vilanova Artigas, Almeida House, 1949

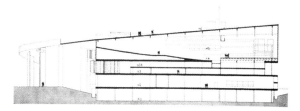

勒·柯布西耶，国会宫，1964年
Le Corbusier, Palais des Congrès, 1964

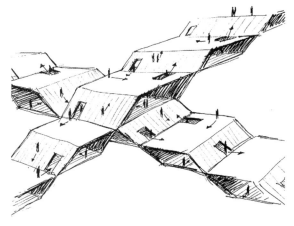

克劳德·巴夯和保罗·维利里奥，居住流线，1966年
Claude Parent and Paul Virilio, habitable circulation, 1966

倾斜式剖面

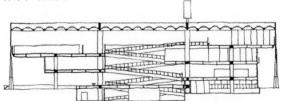

维拉诺瓦·阿蒂格斯，圣保罗建筑学院，1969年
Vilanova Artigas，São Paulo of Architecture，1969

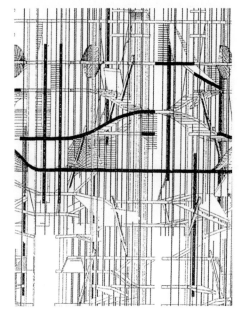

大都会建筑事务所，朱西厄大学图书馆（细部），1992年
OMA, Jussieu- Two Libraries (detail), 1992

大都会建筑事务所，教育中心，1997年
OMA, Educatorium, 1997

阿尔伯托·坎波·巴埃萨，记忆博物馆，2009年
Alberto Campo Baeza, Museum of Memory, 2009

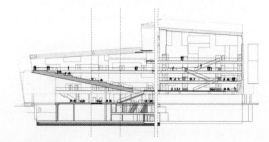

亨宁·拉森建筑事务所，哈帕音乐厅，2011年
Henning Larsen Architects, Harpa, 2011

出了"建筑漫步"的观点，基于水平与坡道的流线连续性创造了空间内的"旅程"。这一观点于1923年首次实现，在拉洛奇别墅（Villa La Roche Jeanneret）中，建筑师运用坡道在展廊空间中分割出了新的层次。

在该尺度上，倾斜更像是双层高空间内的建筑构件，而不是组织建筑剖面的核心要素。坡道上方的曲线天窗凸出于墙体，因此该坡道在平面上显得更为重要。相比而言，萨伏伊别墅中的坡道则在组织建筑流线、活跃内部空间、创造"建筑漫步"中发挥了更大的作用。它将两层楼板的内外、上下、进出关系相互交织，将人从底层引向屋顶花园。但是，由于坡道占据了楼层平面的一部分，剖面的垂直空间因此被截断。另外，由于勒·柯布西耶着意强调剖面中坡道与墙的对齐关系，因此当坡道从室内过渡到室外时，在建筑内部势必会造成空间的不连续性。该空间的阅读被柯布西耶的《柯布西耶作品全集》（Oeuvre complète）内关于萨伏伊别墅的早期剖面证实，在该剖面中，墙体延伸到了另一层。有些讽刺的是，如萨伏伊别墅中的狭窄坡道常常会打断平面，而非提供连接性。即使坡道仅1.2米宽，它仍需要9.75米的长度以连接两层楼板。*坡道营造的倾斜感有助于剖面的连续性，但却得来不易。为了连接不同的楼层，坡道必须嵌入两层平面内，将车库与门厅、阳台与卧室区分开来，同时使阳光斜向射进坡道，并创造视线联系。

倾斜手法会在创造剖面连续性的同时为平面带来非连续性，该矛盾同样体现在弗兰克·劳埃德·赖特的两个方案中。在莫里斯礼品店中，狭窄的坡道与中庭对齐，在剖面中强化了视线联系，并缓和了切削带来的空间不连续性。更重要的是，沿坡道向上移动时，会见到建筑师对商品的着意布置。倘若萨伏伊别墅中的坡道具有自主性，在分割了柱网体系的同时穿透所有楼板，那么莫里斯礼品店中的坡道设计则像是从上层楼板悬挂下来一般，使地面层的流线自然引向坡道，并绕其上升。莫里斯礼品店是对现有建筑体量的改建，因此赖特的空间操作相对受限，但他在纽约古根海姆美术馆进一步探索了这一母题。在这座以旋转坡道而著名的美术馆中，赖特将坡道与中庭结合，为主展厅创造独立且连续的漫步体验（次要展厅与辅助空间以层状楼板组织，与主展厅相离布置）。由于所有楼层均为连续表面，空间序列一目了然，而如何设置起

---

*尽管勒·柯布西耶在其全集中曾经表明，萨伏伊别墅的"坡道坡度十分缓和，使人能不自觉地到达上层空间"，但该坡道的坡度已然大于如今规范要求的数值（1∶12）。按照如今的标准，为了10英尺（3.048米）高的垂直交通，该单跑坡道长度将达到120英尺（36.576米），若为双跑，则每段需要65英尺（19.812米）长（包含休息平台）。

点却成为了建筑对游览者的挑战。赖特坚持让所有游览者先乘电梯至顶层，再步行环绕向下（美术馆馆长并未完全按照赖特的设想设计展览流线）。

古根海姆美术馆的项目几乎与赖特未建成的作品——戈登斯特朗天文馆形成于同一时期，在该馆中，双螺旋坡道引导车辆上下。道路与停车系统的设计将倾斜作为协调通道自主性的必要措施。斜面停车结构体现了倾斜手法的两种特性：其一是连接用于停车的层状楼板，其二是以连续的坡道融合停车与行驶流线。古根海姆美术馆运用了后者，而赫尔佐格（Herzog）与德梅隆（de Meuron）设计的林肯路1111号停车楼项目（1111 Lincoln Road）探索了前者创新的可能性；林肯路1111号停车楼在建筑中引入层高变化，从而使停车建筑变为社交场所，顶层被切削出的楼层平面内还设置了住宅。

在古根海姆美术馆设计中，赖特通过中央中庭的设计避免了坡道对空间连续性的破坏，而大都会建筑事务所则运用倾斜手法，在建筑中组织更为密集的功能类型，并创造视线的交错。在鹿特丹的康索现代艺术中心设计中，大都会建筑事务所将倾斜操作扩大到建筑尺度。两组倾斜表面被垂直切削并互相交错，将功能的离散布置进一步活化；一组倾斜表面被玻璃幕墙划入内部走廊并向上延伸，室外步道则穿透建筑的中心。该斜面的外缘被推挤至室外，清晰地呈现于立面中。在大都会建筑事务所未建成的朱西厄大学图书馆设计中(1992年)，连续的斜面是组织空间的核心要素，消解了层与层的区分，与古根海姆美术馆类似。但区别点在于，朱西厄大学图书馆的斜面尺寸远超古根海姆美术馆，并在楼层表面内通过切削与折叠等操作创造了空间的不连续性，使功能的叠置发生于统一的连续斜面内。

尽管连续倾斜的表面能够增加剖面的活跃度，但空间结果在有趣的垂直空间内却可有可无。这是因为建筑师通常对倾斜式表面进行折叠，形成层状空间内不均衡的叠置。在这些项目中，空间的垂直延展通过移动或后退部分楼层平面而实现，正如古根海姆美术馆的中庭、康索现代艺术中心或朱西厄大学图书馆的垂直切削形成的开口。*连续的倾斜表面通常会结合切削与穿孔等剖面手法，以保证

---

*有鉴于此，通过倒角而完成的倾斜表面由地板至墙壁的延伸，可被视作使连续性更为清晰的尝试，即使这种连续性很大程度上是修饰性的。

嵌套式剖面

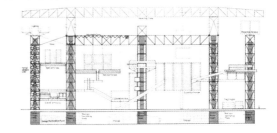

塞德里克·普赖斯，玩乐宫，1964年
Cedric Price, Fun Palace, 1964

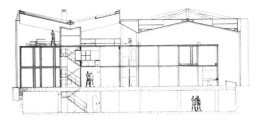

勒·柯布西耶，海蒂·韦伯博物馆，1967年
Le Corbusier, Heidi Weber Museum, 1967

巴克敏斯特·富勒和诺曼·福斯特，人工微气候室，1971年
Buckminster Fuller and Norman Foster, Climatroffice, 1971

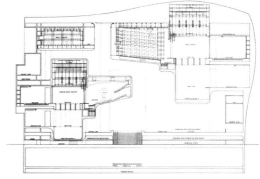

让·努维尔与菲利普·史塔克，东京歌剧院，1986年
Jean Nouvel and Philippe Starck, Tokyo Opera House, 1986

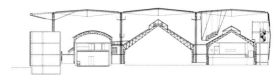

伯纳德·屈米，弗雷斯诺艺术中心，1992年
Bernard Tschumi, Le Fresnoy Art Center, 1992

法弗隆罗贾斯建筑事务所，围墙住宅，2007年
FAR frohn&rojas, Wall House, 2007

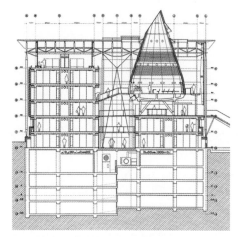

理查德·罗杰斯，波尔多法院，1998年
Richard Rogers, Bordeaux Law Courts, 1998

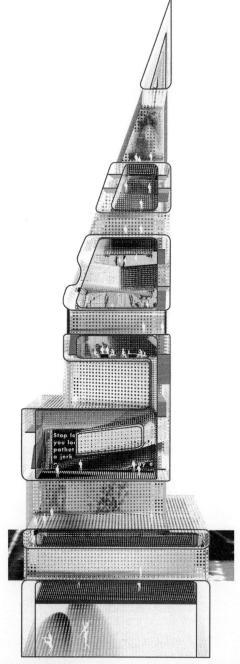

MVRDV建筑事务所，"眼光"艺术和科技博物馆，2001年
MVRDV, Eyebeam Museum of Art and Technology, 2001

视线的连续性。例如，在莫西加德博物馆中，亨宁·拉森建筑事务所运用倾斜的、覆满绿植的屋顶限定了整个建筑的形式。虽然斜坡屋顶位于室外，但游览者却会主要通过室内空间感知建筑的倾斜操作：在建筑内部，大型中庭创造视线联系，超大尺度的台阶则提示空间是倾斜的。

嵌套

嵌套式剖面是将分离的体量进行交错或叠置的剖面手法。相比于层叠、切削、穿孔与倾斜手法主要针对水平面，嵌套则强调三维体量的操作以创造剖面效果。20世纪初，阿道夫·路斯（Adolf Loos）设计了许多体量嵌套的方案，房间在多个层次相互堆叠，创造复杂的空间效果，该手法被称作"体积法"（Raumplan）。嵌套所带来的空间、结构与环境影响经常会优于针对体量的孤立操作。运用该剖面手法的核心是间质空间的功能性，以及它与外部表皮的关系。尽管嵌套式剖面数不胜数，我们仅举出几个例子以说明嵌套式剖面区别于其他手法的两种显著差异。

在位于西班牙的拉科鲁尼亚艺术中心设计中，阿塞博克斯阿隆索工作室（aceboXalonso studio）在相互独立却又实际相连的空间形式中组织了多种展演形式，并将其包裹在多层表皮的"方盒子"内。在建筑内部，被方盒子体量"挤压"出的垂直空间复杂多变；每个方盒子体量具有功能特异性，而方盒子之外的空间在剖面上则体现了空间的不确定性与流动性。方盒子体量内的表演空间被推至外部边缘，以至于建筑的双层表皮被方盒子体量切断，使剖面中的嵌套关系在立面上亦清晰可见。相比而言，MVRDV建筑事务所的埃弗纳尔文化中心（Effenaar Cultural Center）则基于更为功能性的组织。每间房间均与独特的尺度与功能对应，沿建筑外表皮布置，增加了建筑外沿的"厚度"。以上操作形成了环状的剖面，环形的中心是主音乐厅，与所有独立功能相连。阿塞博克斯阿隆索工作室是在大型框架内嵌入小型的功能空间，MVRDV建筑事务所则是对嵌套的内部体量进行组合以形成体量，由单元形成整体。

在以上及其他嵌套式剖面建筑中，楼梯的存在会打断相邻体量的紧密关系，因此垂直交通是设计的主要挑战。在路斯的设计中，楼梯被"编织"进嵌套体量中，有时会融入体量垂直交叠的空间序列，有时又隐藏起来，布置于房间之间。在埃弗纳尔文化中心设计中，MVRDV建筑事务所直接将垂直交通与防火楼梯挪到了室外，作为独立体量依附于外表皮之上。

MVRDV建筑事务所于2001年提出的"眼光"研究所(Eyebeam Institute)设计方案，则是更为微妙复杂的嵌套方式。类比埃弗纳尔文化中心设计，独立功能块在剖面中以分散形式组合，但在"眼光"研究所方案中，功能块则相互分离。由此，中庭空间如晶格间隙一般复杂，并被功能块的形式不断强调。另外，外部表皮同时作为结构，厚度为常规的两倍，将功能块围合入建筑体量之中，在有效连接各功能块的同时，强化了外部结构的稳定性。

以上三个案例均是将分散的体量相邻布置，使剖面中的间质空间灵活多变。嵌套的另一种形式则是将体量嵌入另一体量的内部。尽管该嵌套方式的逻辑会影响剖面的空间效率，但在精心布置下，空间的冗余度亦能强化体量之间的组织关系。这种形式会在内外空间的复杂关系中创造热量传播的新模式。该类型的小尺度案例是1962年查尔斯·摩尔在加州奥林达市设计的自有住宅，起居室与浴室的空间均由四根柱子与天窗限定，并被罩在小住宅的整体外形之下。该小型建筑物将房屋的一般结构与浴室的常规位置进行功能与空间的反转，使浴室向整座建筑开放。该嵌套式体量成为建筑的主要结构，使建筑的四个角部变为玻璃门，可以滑动开启。出人意料的是，该嵌套方式有助于内部空间向外部空间的开放与连通。类似的例子可见于福克萨斯建筑事务所的圣保罗教区综合体（San Paolo Parish Complex）设计中，该建筑运用同样的嵌套逻辑，却进行了不同的空间操作。大型中空的"袖筒"结构将两组体量相连，内部体量被悬挂起来，使阳光能透过外部体量射入核心空间。存在于体量与剖面的对比为该教堂增加了戏剧效果。嵌套式剖面可通过多层表皮的设计有效操作与控制日光，实例当首推SOM建筑事务所（Skidmore，Owings ＆ Merrill）的戈登·邦夏（Gordon Bunshaft）设计的贝尼克图书馆（Beinecke Library）。在该方案中，建筑师运用半透明的石材作为外表皮，并在其内部戏剧化地嵌套玻璃橱窗，使珍本书免受直射阳光的损害。

藤本壮介的N住宅可说是嵌套式剖面最极端而纯粹的实例。三层矩形箱体全部饰以白色，四个侧面与顶面上的开口大小各异却又具有自相似性；从外向内，墙体厚度仅有轻微缩小。但是，藤本壮介通过将中间层的箱体完全封闭以保证室内温度，并将最外围的箱体推挤至场地红线处，使整个场域呈现出高度复杂的同质性，同时混淆了内部与外部、私密与公共的界限。尽管所有的层次看起来并无不同，但每一层均有特异之处：最外层箱体确立的建筑的界限，中间层划为室内空间并保证室温宜人，最内层将卧室与

混合式剖面

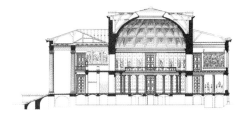

卡尔·弗里德里希·申克尔，柏林老博物馆，1830年
Karl Friedrich Schinkel, Altes Museum, 1830

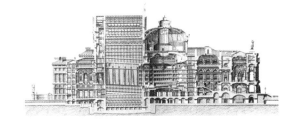

查尔斯·加尼叶，巴黎歌剧院，1875年
Charles Garnier, Paris Opéra, 1875

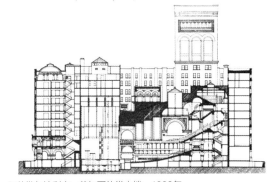

阿德勒与沙利文，芝加哥礼堂大楼，1889年
Adler & Sullivan, Chicago Auditorium Building, 1889

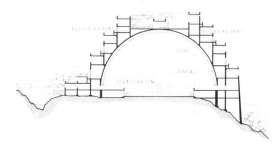

弗兰克·劳埃德·赖特，戈登斯特朗天文馆，1925年
Frank Lloyd Wright, Gordon Strong Automobile Objective, 1925

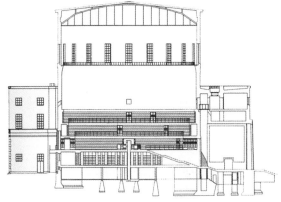

艾瑞克·古纳尔·阿斯普隆德，斯德哥尔摩公共图书馆，1928年
Erik Gunnar Asplund, Stockholm Public Library, 1928

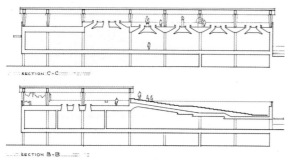

阿尔瓦·阿尔托，巴格达艺术博物馆，1958年
Alvar Aalto, Art Museum in Baghdad, 1958

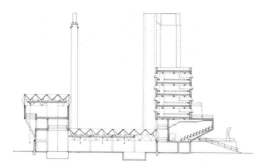

詹姆斯·斯特林、詹姆斯·戈恩和迈克尔·威尔福德，莱斯特大学工程大楼，1963年
James Stirling, James Gowan, and Michael Wilford, Leicester University Engineering Building, 1963

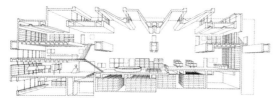

矶崎新，大分县图书馆，1966年
Arata Isozaki, Oita Prefectural Library, 1966

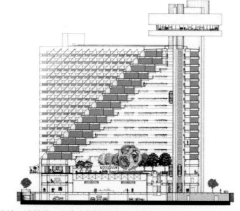

约翰·波特曼，旧金山凯悦酒店，1974年
John Portman, Hyatt Regency San Francisco, 1974

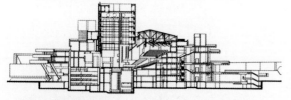

丹尼斯·拉斯登，皇家剧院，1976年
Denys Lasdun, Royal Theater, 1976

客厅、餐厅区分开来。尽管每一层看起来均过于通透，但当其组合起来，在界定了私密空间的同时，亦为视线提供了框景。尽管如此，建筑的诸多层次却无法提升室内环境的适宜度，因为建筑师仅仅封闭了中间一层。相比而言，在塞尼山培训中心（Mont-Cenis Training Center）项目中，乔达建筑事务所（Jourda Architectes）为提高室内的舒适度，同样采用了连续嵌套的方式。两座看似平常的线性体量嵌入大型木结构建筑之中，木桁架结构的占地面积远远大于内部的两座体量。外表皮由玻璃幕墙与光伏板组成，运用被动采光与通风技术以调节温度湿度变化，在室内与室外之间创造了温和的微气候环境。介于内外之间的空间在概念与功能上可理解为双层保温玻璃中间的空腔。另外，嵌套还能使室内的温度梯度与空间交织、建造材料、热量传播联系起来。塞尼山培训中心是对室外热量或理想气温更为精确的应对，这一设想可追溯到巴克敏斯特·富勒的设计中。不管是将曼哈顿装入穹顶之下的概念设想，还是建于蒙特利尔的1967年世博会美国馆，富勒反复使用嵌套式剖面以控制室内环境的舒适度。大型的嵌套式剖面是他对"空间—框架"建造系统的探索与创新实践，这一设想可适用于大型穹顶建筑，催生了将建筑嵌入另一座建筑的布局方式。

混合

拉伸、层叠、变形、切削、穿孔、倾斜与嵌套是剖面操作的主要方法。为使本书更加清晰，我们将其作为不同类型呈现给读者，但实际上，这些操作方法很少孤立出现。例如，穿孔与切削操作是基于拉伸或层叠剖面存在的，是对这两类剖面的再操作。变形式剖面经常与层叠式剖面结合，辅助空间通常位于层状空间内。不可否认的是，展现了错综复杂的剖面效果的建筑往往结合了多种剖面手法。我们搜集了这些有代表性、创新性的剖面组合案例，它们通常具有迷人的空间张力；当无法界定某个项目该从属于哪种类型时，我们将其划归为混合式剖面。

混合式剖面展示了多种剖面结合的指导性策略。基本策略是两种不同剖面形式的并置，任何一种都不占主导地位。例如，在星辰公寓（Star Apartments）项目设计中，迈克尔·毛赞（Michael Maltzan）结合了层叠与嵌套两种方式。被混凝土矮墙托起的住宅楼层体现出主要的层叠剖面特征；而公寓单元的模块化建造则标示了层状系统中的嵌套组织。

与之相对，许多建筑将不同的剖面策略完全交融，以至于我们需要通过细致的辨别才能理解其剖面的组合方式。在向日葵别墅（Villa Girasole）的设计中，建筑立于粗糙的石砌基础之上，顶部轻型结构可随太阳旋转，而顶部与基础通过八层旋转楼梯塔楼相连；它表述了三种剖面方式：嵌套——两种形式相互套接、前者嵌于后者之上；层叠——建筑与基础由层状空间组织；穿孔——旋转楼梯形成了尺寸较大的孔洞。整体建筑被地形水平切削，中庭内的楼梯在上层与中间层的花园之间提供垂直联系。在赫尔佐格与德梅隆设计的维特拉展厅(VitraHaus)中，变形的体量相互嵌入、堆叠，之后被水平切削以形成室外灰空间。谈及剖面手法高度集成的建筑，不妨以SANAA建筑事务所设计的劳力士学习中心（Rolex Learning Center）为例，该建筑融合了多种剖面操作——变形楼板被简单地拉伸形成倾斜表面，其上分布着大小不一、四处分散的孔洞；拉伸、倾斜、穿孔等操作被统合在变形体量之内。

并不意外的是，垂直组织的多层建筑经常会成为剖面创意表达的经典案例。从赫尔佐格与德梅隆的普拉达青山旗舰店（Prada Aoyama）到隈研吾建筑事务所（Kengo Kuma & Associates）的浅草文化旅游中心(Asakusa Culture and Tourism Center)，设计挑战了垂直堆叠的基本策略，在其中介入剖面的复杂性。在普拉达青山旗舰店中，层状空间中嵌入变形体量，内部容纳更衣室等空间；建筑整体则呈现为变形的箱体形态。在隈研吾的设计中，单个变形体量中蕴含嵌套关系，同时以倾斜楼板层层堆叠，形成垂直塔楼。

大型公共建筑或文化建筑经常会产生精彩的剖面设计。这些建筑通常涉及多个特定功能空间的组合，需要将分散的形式或体量包容在给定的建筑外形中。剧院、音乐厅和其他表演空间需要舞台与倾斜的观众坐席，该空间形式十分特殊，需要额外的交通系统与辅助设施，实例可见大都会建筑事务所设计的波尔图音乐厅（Casa da Música）。无独有偶，多功能的教学文化建筑，例如诺尔顿建筑学院（Knowlton School of Architecture）由麦克·斯科金+梅里尔·埃拉姆建筑事务所（Mack Scogin Merrill Elam Architects）设计，西雅图中央图书馆（Seattle Central Library）由大都会建筑事务所设计，伊布里克玛格基金会博物馆（Iberê Camargo Foundation Museum）由阿尔瓦罗·西扎（Ivaro Siza）设计，纽约库伯广场41号（41 Cooper Square）由摩弗西斯建筑事务所

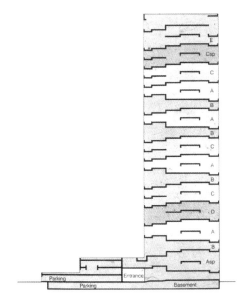

查尔斯·柯里亚，干城章嘉公寓，1983年
Charles Correa, Kanchanjunga Apartments, 1983

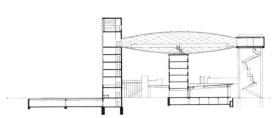

斯蒂文·霍尔建筑事务所，柏林美国图书馆，1989年
Steven Holl Architects, American Library Berlin, 1989

梅卡诺建筑事务所，代尔夫特理工大学图书馆，1997年
Mecanoo Architecten, Technical University Delft Library, 1997

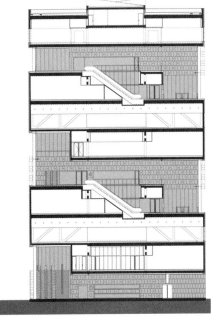

诺特林·里丁克建筑事务所，安特卫普市博物馆，2010年
Neutelings Riedijk Architects, City Museum of Antwerp, 2010

维拉尔·德·奥内库尔，兰斯大教堂，约1230年
Villard de Honnecourt, Reims Cathedral, ca. 1230

多纳托·布拉曼特，罗马废墟，约1500年
Donato Bramante, Roman ruins, ca. 1500

朱利亚诺·达·桑迦洛，波图纳斯和维斯塔神庙，1465年
Giuliano da Sangallo, Temples of Portumnus and Vesta, 1465

列奥纳多·达·芬奇，中心规划教堂的研究，约1507年
Leonardo da Vinci, study for central plan church, ca. 1507

（Morphosis Architects）设计，墨尔本设计学院（Melbourne School of Design）由NADAA建筑事务所设计，里约热内卢视听博物馆（Museum of Image and Sound）由迪勒·斯科非迪奥+伦弗罗建筑事务所设计，博科尼大学教学楼（Università Luigi Bocconi）由格拉夫顿建筑事务所（Grafton Architects）设计，以上均运用剖面创造了独出心裁的建筑作品，并解决了复杂的功能需求。

通过在一座建筑中融合多种不同的剖面手段，这些项目提供了研究与考察的丰富资源。之前所述的单一类型可阐明或提取特定的剖面手段，但它们并不能表达多重剖面手段组合形成的空间效果。将两种或以上剖面手段加以集成，能够为建筑师提供复杂功能的组织容量，以及多层次提升建筑品质的机会；尽管这并不意味着使用多种剖面与建筑的丰富度与趣味性有何必要联系。当然，对混合式剖面多样性与复杂性的探究可为构架剖面的参考体系提供丰富的可能性。因此，该分类系统并非约束与限制，而是促进建筑讨论的触媒剂。

剖面的历史辑录

虽然剖面在如今的建筑实践中被广泛应用，但它在建筑绘图的历史中却出现很晚。据考证，早在15世纪初即出现了个人绘制的剖面图，然而直到17世纪末或18世纪初，剖面才作为固定的建筑绘图类型，与平面、立面共同组成了欧洲建筑教育与竞赛中必不可少的三个绘图类型。尽管梳理几个世纪以来西方建筑历史中剖面的发展历程并不是本书的主要内容，但是，辨析剖面在概念与操作层面的主要变化却有助于人们理解剖面在建筑设计中的地位与前景。

接下来的文字融合了本书的主要观点。尽管连续性与完整性有待提高，这些片段揭示了剖面的矛盾性与可能性。矛盾的交点是"剖面"这一语汇本身的二重性。谈及"剖面"时，我们有可能是指建筑表现技法之一；也有可能是指与建筑的垂直性组织相关的建筑实践，或是与之相关的建筑与城市建设。以上条件与建筑的历史、实践均密切相关。尽管"剖面"的双重语义经常在叙述中相互转换，我们仍旧希望辨明两者的关系以便追溯剖面的历史轨线——从它作为建筑表现技法之一，到它作为与空间、建构、行为相关的设计实践方法。

分析性切片：考古学与解剖学

起初，剖面作为表现技法之一，虽因年代久远而模糊，却仍然清晰地揭示了建筑或身体隐藏的机理——通常作为回顾或分析之用。现存最早的建筑剖面绘于羊皮纸，记载了维拉尔·德·奥内库尔的中世纪教堂设计。在他共计63页的著名图册中，涉及的学科十分广泛；在一幅主要描绘兰斯教堂飞扶壁的立面图旁，我们发现了沿外墙剖切的剖面图。事实上，虽然奥内库尔的剖面图是正交体系且运用了清晰的线条描绘，该剖面作为一种"切片"仍然是试验性且不完整的，仅作为复杂结构的补充描述，以说明哥特式教堂的空间质量。即便如此，该早期案例预示了剖面日后将会成为主要的表现技法——作为分析与展示结构与建造关系的方法，仅在建筑的垂直组织中得以描述。

奥内库尔的绘图暗示了剖面在建筑领域内并非完全不被重视；但直到文艺复兴时期，剖面才作为固定的表现形式之一，与建筑学之外的两门先驱学科相关：供研究的考古遗址，以及人体的生物学解剖。在以上两例中，无论是建成物还是有机体，剖面都是对可见物质实体的明确剖切。正因如此，剖面起初是作为对观察到的物质实体的绘图记录，并仅以回顾的目的作为表现方式之一。

雅克·吉尔瑞姆（Jacques Guillerme）与海伦·韦兰（Hélène Vérin）所著《剖面考古》（*The Archaeology of Section*）一文追溯了建筑绘图的起源，观察、研究，继而描绘了罗马废墟从被毁坏的建筑转为颓败的、不连续的结构体的过程。这些破碎的片段将内部与外部同时展现给前来考察的建筑师或艺术家。根据两位作者的观点，描绘这些废墟诗意的颓败过程缓慢地催生了剖面的技法表达，"将剖面作为对考古遗址的研究转变为对建筑图解的设计"。由此，剖面不仅作为考古学的文献存档，更作为想象中的"切割"被理解，或作为对方案建造方式的描绘。在概念上，这种转译需要将建筑的片段从纸面描述转变为抽象的图案：建筑剖切的想象平面。这种转变的常规性体现在描述切割操作的多种技法中——从经典渲染法到之后的泡泡图法，概念性地描绘了建筑的结构机理。

关于剖面的早期研究可在艺术与科学实践的多条轨迹中寻得蛛丝马迹：从遗体解剖得来的人体内部结构图解，最早发现于15世纪。至于建筑剖面，则经常依赖于古人独出心裁的"可视化设备"，以描绘明确的剖面构造。其中最著名的例子当属列奥纳多·达·芬奇关于人体结构近乎着迷的研究，包括他绘制的人体头骨图，即包含

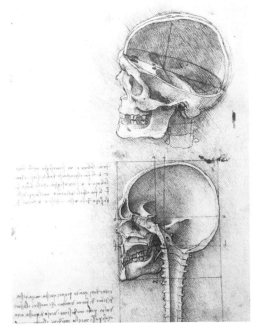

列奥纳多·达·芬奇，颅骨，1489年
Leonardo da Vinci, Skull, 1489

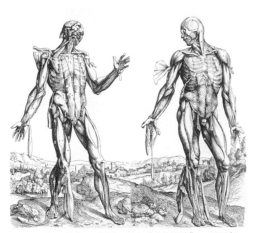

安德雷亚斯·维萨里，图绘，摘自《人体构造》，1543年
Andreas Vesalius, drawings, from *De Humani Corporis Fabrica*, 1543

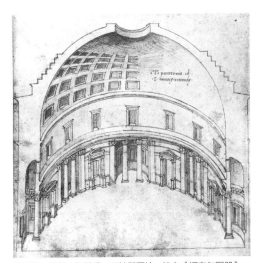

伯纳德·德拉·沃帕雅，万神殿图绘，摘自《柯奈尔图册》，约1515年
Bernardo della Volpaia, Pantheon, from *Codex Coner*, ca. 1515

伯纳德·德拉·沃帕雅，坦比哀多小教堂，摘自《柯奈尔图册》，约1515年
Bernardo della Volpaia, Tempietto, from *Codex Coner*, ca. 1515

朱利亚诺·达·桑迦洛，集中式建筑，摘自《巴贝里尼图册》，约1500年
Giuliano da Sangallo, centralized building, from *Codex Barberini*, ca. 1500

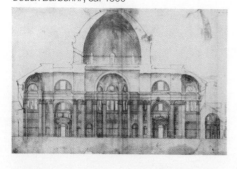

小安东尼奥·达·桑迦洛，圣彼得大教堂，约1520年
Antonio da Sangallo the Younger, St. Peter's, ca. 1520

平面、立面与根据被切开的视角绘制的剖面。达·芬奇对于头骨的描绘虽不同于同时期对环形图书馆的研究，但两者均将"切割"作为重点，将身体或建筑的内部外部条件同时展现。

安德雷亚斯·维萨里于公元1543年发表的《人体构造》（*De Humani Corporis Fabrica*）可称是早期医学研究中最负盛名的实例；多具被剥去皮肤的人体展现了不同姿势，模拟人的活动状态。图绘以木版画形式呈现，内容庞杂而精致，不仅展现了肌肉与内脏的内部结构，更强调了"切割"这一方式——既作为物理操作，同时是表现方法。作者选取的插图意将解剖系统清晰地展现给读者——另外，解剖图及其呈现形式亦有想象的成分。

尽管我们很难查证生物学与建筑学研究之间的因果关系，但是，仍有可能凭借两个学科中交叉出现的技术手段而判定两者的相似性——暗示出绘图手段与表达模式层面上的"杂交"。更重要的是，由考古学与解剖学实践衍生的绘图手段反映了剖面的原始属性：作为回顾性、而非预期性的工具，作为解析性、而非生成性的手段。或许，可追溯到的现存文献所反映的剖面起源恰好解释了"为何剖面作为生产性的手段，却与建筑实践结合得如此之晚"这一问题。

建筑剖面的萌芽：测量与认知

剖面图作为一种明确的建筑技法，首先出现于15世纪后半期意大利建筑师的作品中。彼时出现了以剖面记载古代遗址的又一轮风潮，以剖面推断古代建筑中未颓败部分的结构与材料特性；同时，开始将剖面应用于描绘新建的建筑项目。以哈德良大帝（Emperor Hadrian）在公元128年建造的万神殿为例，该建筑经常作为领域内启发性的先例，利用推测性的剖面图探知了结构与比例的逻辑，保证了建筑的完整性。那幅穹顶中央圆洞处富有空间魅力的剖面图，为建筑师呈现了如何应用剖面营造建筑的强烈主题。与完全封闭的穹顶相比，万神殿创造了富有张力的"虚空"，使内部与外部空间以一种仅能通过剖面图表达的方式相互交融。

早期文艺复兴的图绘，例如《柯奈尔图册》（*Codex Coner*）、《巴贝里尼图册》（*Codex Barberini*）与巴尔达萨雷·佩鲁齐（Baldassarre Peruzzi）的草图中包含着为数不少的剖面，包括对万神殿，以及同时代的重要教堂的多重解读。以上图绘通过想象中的切割，试图探寻内部与外部的墙体轮廓，将建筑形式与其包容空间的关系呈现在人们眼前。但在这些早期图绘中，剖面作为建筑的表达形式却备受质疑，这是因为对墙体的剖切绘制只能作为整幅图面的组成部分之一。正如沃尔夫冈·洛兹在论著"文艺复兴时期建筑图纸的室内渲染"（The Rendering of the Interior in Architectural Drawings of the Renaissance）中的表述：剖面图并不是单一且约定俗成的表现手法，而是各种原始操作以混杂的方式叠合。对洛兹来说，讨论剖面与建筑实践的关系问题，并不是强调剖面在其中的地位，而是突出其作用——剖面可直观展现室内场景，亦可衡量建筑的尺度与比例。在《柯奈尔图册》（目前普遍认为其作者为伯纳德·德拉·沃帕雅，成书于16世纪初）中，被剖切的墙体图采用一点透视法。该画法牺牲了尺度的准确性，因其不仅绘制了剖切面，同时还包含了剖切面后部的场景，造成了读者的视错觉。与此相对，《巴贝里尼图册》（作者为朱利亚诺·达·桑迦洛）中的精确剖面，以及佩鲁奇绘制的万神殿图则对正交投影的剖面画法做出了突出贡献——在正交投影中，剖切面之后的空间会在立面图上显示，且不带有灭点与透视变形。

当我们明确讨论空间这一问题时，会发现《柯奈尔图册》中的剖面透视图展现了相当独特的空间特征，空间透视与剖面切割相互适应并互相影响。建筑史学家、批评家罗宾·伊万斯（Robin Evans）曾经指出："剖面图的内在逻辑正倾向于对称的、轴向的空间组织，因其空间组织形式较易通过剖面呈现。"另外，《柯奈尔图册》中出现的集中式的正剖面图虽然透露了建筑的体量组织；但从透视图的角度看，亦反映出：透过静态观察点，人们对建筑的认知仍然停留在绘画性组织的层面。从这些剖透视图中可以了解到，在当时，建筑主要作为视觉现象的概念存在，与特定的视角紧密相关。

相比之下，在后世的《巴贝里尼图册》与佩鲁齐、小安东尼奥·达·桑迦洛的图绘中，正交剖面画法逐渐变为主流。在这些图绘中，透视变形不复存在，剖面更为准确客观。我们将其视为剖面图迈向专业化的重要一步；在该标准下，剖面能够传达建造者所需的尺度与形式的清晰信息，以及两者的关系。值得注意的是，这种转变发生的时间，正巧与拉斐尔（Raphael）接手圣彼得大教堂的建造，且桑迦洛与佩鲁齐一同参与其中的时期；与此同时，房屋的等级体系开始萌芽，人们开始将"建筑"与"房屋"的语义加以区分。在洛兹看来，该转变亦催生了更为复杂、动态的空间可能性，而不再受限于《柯奈尔图册》中单一的、静态的观察点带来的影响。

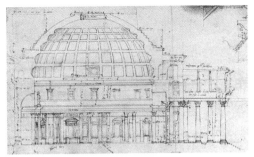

巴尔达萨雷·佩鲁齐，万神殿，1531—1535年
Baldassarre Peruzzi, Pantheon, 1531-1935

塞巴斯蒂安诺·塞利奥，N13项目，摘自《国内建筑》第七卷，约1545年
Sebastiano Serlio, Project N13, from Book VII of *On Domestic Architecture*, ca. 1545

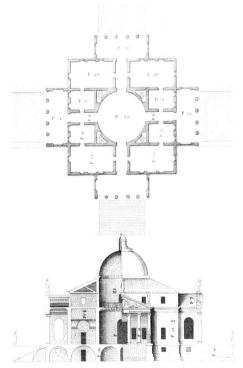

安德烈亚·帕拉第奥，圆厅别墅，约1570年
Andrea Palladio, La Rotonda, ca. 1570

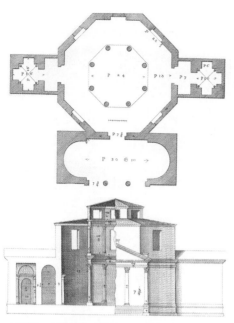

安德烈亚·帕拉第奥，康斯坦丁圣洗堂，1570年
Andrea Palladio, baptisterium of Constantine, 1570

埃特纳·路易斯·布雷，牛顿纪念堂，1784年
Étienne- Louis Boullée, cenotaph for Isaac Newton, 1784

埃特纳·路易斯·布雷，锥形纪念碑，约1780年
Étienne- Louis Boullée, conical cenotaph, ca. 1780

从早期透视法的实践到日后严格正交画法的萌生，洛兹曾对剖面发展做过详细的论述。剖透视图主要是描绘性的表现，极大渲染单一场景的视觉感染力，以表现墙体轮廓与内外空间，将可计量性与可感知性相结合。与之相对，正交剖面则是经过精确测量的工具性绘图手段，与当时逐步完善的建造过程记录相辅相成。但是，剖面图的准确性依赖于多种绘图类型的结合，才能为空间的复杂性与建筑的可装配性提供必要的信息，而其欠缺的空间深度则削弱了空间关系的易读性。

从剖透视图到正交剖面图的演变过程可称作一种"进步性的分歧"；而在16世纪中，另一种来源于艺术的分歧也正悄然产生，例如塞巴斯蒂亚诺·塞利奥的建筑作品。伴随着人们对建造逻辑的档案化记录，尺度准确的正交剖面图逐渐占据主导地位；而职业建筑师的产生，亦使建筑师与建造匠人的身份产生区别。相比较而言，立面图描绘了建筑的形象与组织方式，而剖面则是指导性的工具，向建造者传达架构的方法与轮廓。在采用正交画法的三种主要建筑图（平面图、立面图与剖面图）中，只有剖面与结构和材料的设计关系最为紧密。典型的正交剖面经常是最为复杂的，它在一张图中表达了两个层次：通过墙体、楼板、屋顶的剖面与其围合出的室内展开图，既反映了剖切实体，又表达了被分割出的空间。

回顾安德烈亚·帕拉第奥1570年出版的《建筑四书》（ *Four Books of Architecture* ），我们将会发现：正交表现法在当时剖面的众多绘图法中已占据主要地位在该书中，剖面图与立面图并列放置，剖面与立面各描绘建筑的一半特征，并通过正交投影法将两张图对齐。内部透视图虽能清晰传达空间的体验感，但只作为测量图的辅助，被压缩了一定图幅；强化了建筑师作为"几何的组织者"这一概念。帕拉第奥作品的对称性使该绘图方法的高效性得以实现，并彻底减少了图中需要描绘的建筑雕刻。在该比照中，外部立面图与内部立面图并置，而剖面则反映了建筑的轮廓结构与内部空间的相互作用。在帕拉第奥的作品中，剖面与立面的异同点被展现到了极致。剖面与立面共用建筑的轮廓线，区别是：立面主要描绘建筑的组织方法与层次结构，沿用古典建筑的美学特征；剖面则体现建造所需的材料与体量特征，既需要新兴的专业建筑学知识，也脱离不开传世的工匠手艺。帕拉第奥的"剖面和立面混合画法"反映了建筑的二元特征：既是一门艺术，又是一门手艺，描绘了内部与外部在正统建筑学中的结合方式。

值得注意的是，在帕拉第奥的时代，墙仍作为承重构件存在，因而墙体、楼板、屋顶的形式均与结构系统相对应。但我们若将平面与剖面做对照，将会发现同样的墙体在平面与剖面中却采用了完全相反的表达。在平面中，墙体被涂黑，房间留白，以强化空间组织的可读性。而在剖面中，墙体留白，作为"虚空"，介于紧密结合的内外表面之间。平面在建筑图中具有举足轻重的地位，因其明确标识了墙体与空间概念的结合。在一整幅图中，平面通常占据显要位置，确定建筑的主要意图，呈现建筑的组织方法。与之相反，剖面描绘的墙体材料特性则是空白，只是房间与房间之间的分隔。当平面提供建筑组织时，剖面则着力于建筑的造型、形式、材料剖切方式及其营造的空间。弯曲的屋顶用以分散大型体量的重力荷载；桁架虽隐于屋顶之内，却与主楼层的楼板一般重量；每座建筑的尺度与尺寸都可在剖面中找寻到清晰的标注。剖面对形式及其效果的营造具有独一无二的指导性，为探索、测试、理解材料与空间等诸多问题给出了独特的解法。

埃特纳·路易斯·布雷：形式与效果

继帕拉第奥之后的近200年间，剖面图作为传达建筑效果的理解性方法，其重要性不断提升，尽管结构的制约仍然存在。也许，直到1784年埃特纳·路易斯·布雷未建成的牛顿纪念堂（cenotaph for Isaac Newton）设计中，剖面的作用得以彰显，用以描述建筑、人居、场地之间的种种潜在关系。布雷使用了平面、立面、剖面三种图示以展现方案，然而只有剖面图传达了建筑的全部精神力量。两幅剖面—— 一幅日景、一幅夜景，充分展现了建筑师实验性的"反转"概念。在日景中，巨大的球体内部沿外墙进行剖切，在室内创造"夜空"形象。在夜景中，情境反转，球体内部恍如白昼。

唯有剖面能显示二元关系的短暂并置——建筑壳体之内被建筑师创造的天地，与壳体之外的大千世界。尽管该建筑只停留于纸面之上，但建筑师细致设想了基座、墙体、壳体的色调，力图将每张剖面图形象化。明亮色调的日景剖面图描绘了建筑内部的锥形切口，该切口穿透巨大的结构体系以创造"夜空"的幻觉；而在夜景图中，剖面融入了静谧的天幕，内部再依据被调制的光线营造白昼的效果。尽管方案无一张表现图，布雷却运用剖面成功描绘了通过建构营造的独特体验，正如他确信"建筑不应被规范所限，而应是实现概念的处女地。"令人愕然的是，如今作为规范画图类型之一的剖面图多用来表示与建造有关的材料属性，而在布雷眼中，却拥有简洁传达多重意义的可能性，以及与如今完全相反的作用。

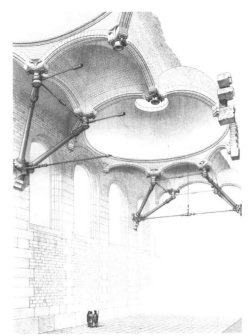

尤金·艾曼纽·维欧勒·勒·杜克，拱顶房间，1872年
Eugène- Emmanuel Viollet- le- Duc, vaulted room, 1872

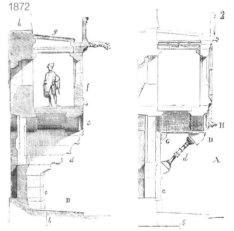

尤金·艾曼纽·维欧勒·勒·杜克，支撑走廊的中世纪和现代化结构方法对比，1872年
Eugène- Emmanuel Viollet- le- Duc, medieval and modern methods for supporting a projecting gallery, 1872

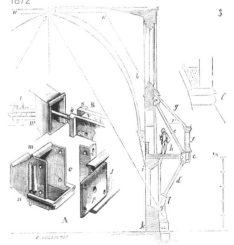

尤金·艾曼纽·维欧勒·勒·杜克，结构系统，1872年
Eugène- Emmanuel Viollet- le- Duc, structural system, 1872

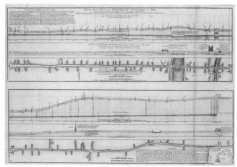

菲利普·博歇，巴黎地层剖面，1742年
Phillipe Bauche, Coupe de la Ville de Paris, 1742

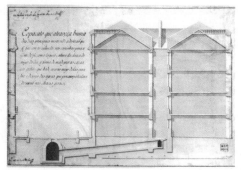

尤金·多斯·桑托斯，街道剖面，1758年
Eugénio dos Santos, street section, 1758

皮埃尔·帕特，街道剖面，1769年
Pierre Patte, street section, 1769

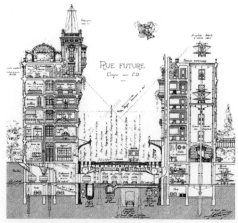

尤金·海纳德，《未来之路》插图，1911年
Eugène Hénard, illustration of the "Street of the Future," 1911

尤金·艾曼纽·维欧勒·勒·杜克：结构与表现

在很大程度上，17世纪的建筑工程仍然受到石砌建造的种种制约，因此剖面图很少描绘墙体内部结构，从而使外部轮廓及内部空间在图面上联结更为紧密。然而到了18、19世纪时，由石墙承重的建筑体系逐渐被新兴事物所挑战，例如结构技术的发展，以及铸铁、锻铁作为建筑材料的应用。在该语境下，剖面得以更有效地表达与分析建筑形式，并能直接反映建筑的受力情况。其中，尤为著名的实例当属法国建筑师、建筑理论家尤金·艾曼纽·维欧勒·勒·杜克的著述与图绘；勒·杜克运用剖面论证形式与结构的相关性，这不仅是他思想的核心，同时是现代建筑发展的关键原则。

维欧勒·勒·杜克将他的作品与布扎体系（École des Beaux-Arts）的教学方法直接并置，而布扎体系主要着眼于建筑组织与平面图。在《建筑讲座》（Lectures on Architecture）一书中，勒·杜克宣称，他的目标是重新思索哥特式建筑，以便将哥特建筑典范式的结构理性应用于目前的新型材料与结构可能性中。《建筑讲座》是有关其建筑原则的论述，由早前的实践衍生而来，并用剖面式的雕刻加以描绘。不同于描绘建筑本身，勒·杜克将这些雕刻作为一系列案例分析，将往昔的石砌建筑转译为新的表达方式，适用于19世纪。例如，勒·杜克曾在"讲座之十二"（Lecture XII）中对中世纪及现代的支撑结构做过对照，彼时厚重的石梁已能被铁柱所取代。谈及该方法论的意义，他曾用效率与经济学的理论解释道："我们将节约建筑成本，并得到安全性更高的建筑，它将更为轻质，且底层通风良好。"勒·杜克的想法反映了剖面的规范性与指导性，从中亦可看出剖面对结构动力与其他重力荷载的经济学考虑，比如排水与通风系统，及其与建筑形式的关系。

在同一篇讲稿中，勒·杜克曾以一张图论证"抵消拱顶结构推力的新方法"，将剖面作为另外教育性的表达工具。针对飞扶壁设计，勒·杜克将原有哥特式的石造飞扶壁以铁质斜撑、支杆、板材代替，意在抵消石造拱顶的侧推力。该图绘的重点在于，它不仅包含新兴的多种建造形式，还囊括了结构的几何关系，由此将有形与无形通过单一的表达形式呈现，论证了结构逻辑与建筑表现的同质关系。值得玩味的是，勒·杜克从未以平面举例，因其建筑原则主要与垂直维度相关，着重体现建筑中的重力荷载与静力关系。

勒·杜克的图绘也利用剖面展露了建筑由部分形成整体的建造过程。

唯独通过剖面，勒·杜克才能表达他所推崇的新建筑要素："我们已不再拥有罗马建筑那样敦实均质的体量，有机形式取而代之，每个组成部分不仅代表功能，更是直截了当的行动。"建筑从体量转向离散的适应性组成部分的过程预示了20世纪中即将迎来的大规模工业生产，以及建造效率驱使下的科技发展时代。同样是建筑的概念论述，勒·杜克通过剖面的手段有效表达。由于结构装配法首先应用于垂直维度，从基础、柱网、拱门，再到屋顶，建筑师通过剖面衡量种种静力荷载的转移，并以最直接客观的形式与建筑组件相对应。勒·杜克认为，归因于新型材料建构系统的产生，剖面图对建筑形式而言日益不可或缺，是对建筑真实、直白而坦率的描绘。

工业化建造技术与新型材料的采用从根本上改变了建筑实践的本质，钢柱、铁柱与大跨度系统剥离了墙体的承重约束。矛盾的是，技术发展影响下的结构与形式的互相依赖本由勒·杜克提出，但他最终却并未走上现代主义运动的道路。钢与随后应用的混凝土材料带来的高效建造体系能够在外部、内部空间中独立应用，因此，当我们理解该时代的剖面时，从解放与转折的角度看，它既是表现技法之一，又是探索建筑的试验场。当剖面脱离了结构荷载的约束，便能承担空间操作。与此同时，重复柱网体系、混凝土板结构被大规模建造，其剖面毫无新意、乏善可陈；但剖面又在大跨度结构中绽放异彩，承担了造型设计与衡量荷载的重要作用。结构与建构解放了形式的自由，而这正是剖面逻辑的根本所在。

纽约中央车站，发表于《美国科学》，1912年
Grand Central Terminal, New York, published in the *Scientific American*, 1912

哈维·威利·科贝特，"未来城市"，1913年
Harvey Wiley Corbett, "City of the Future," 1913

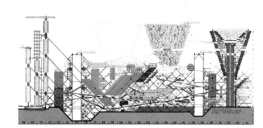

彼得·库克，建筑电讯学派，最大压力区的插入式城市节选，1964年
Peter Cook / Archigram, Plug-in City, Max Pressure Area, 1964

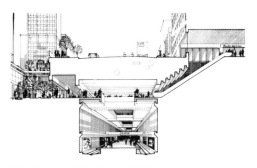

芝加哥中央区交通规划研究，1968年
Chicago Central Area Transit Planning Study, 1968

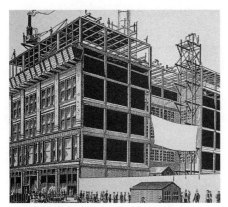

威廉·勒巴隆·詹尼，费尔商场，1891年
William Le Baron Jenney, Fair Store, 1891

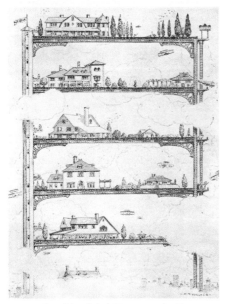

A. B. 沃克，《生活》杂志漫画，1909年3月
A. B. Walker, cartoon in *Life* magazine, March 1909

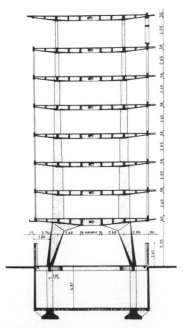

皮埃尔·鲁基·奈尔维，联合国教科文组织总部，1958年
Pier Luigi Nervi, UNESCO Headquarters, 1958

剖切的城市

快速工业化促进了大都市的发展，剖面逐渐演化为批判性的工具，用于理解建筑、交通与水利系统日益复杂的组织层次。伴随着密度的增长，城市亟需一种交互网络以实现现代城市各种服务的传递。在此背景下，城市蓝图提供了组织区块的方法，例如曼哈顿网格体系或巴黎的街道、林荫大道与公园复兴计划；另外，城市横断面图亦有相当重要的地位，通过该图，针对城市的设计操作变得直观可见，亦反映了当时的政治思想。该图并不是现状的描绘，而是对未来发展的愿景；街道剖面展现了该表现方法组织各类相异系统的能力，启发了概念与空间领域的进一步发展。

葡萄牙工程师尤金·多斯·桑托斯和法国工程师皮埃尔·帕特被认为是最早使用剖面图设想基础设施的布局系统，设计、理解城市构造的人。两人中，帕特因其在巴黎城市改革中的影响力而更为知名。创作于18世纪60年代，他的都市计划图绘设想了种种城市变革，运用剖面描绘建筑内部空间的整合，强调有"深度"的街道作为未来城市发展的场所。在此，剖面表达并组织起整个系统，将居民公寓与大型共用废弃物处理系统进行统合。在帕特笔下，城市自来水系统与相邻的公寓建筑内部相连，暗示了个人生活与城市卫生系统之间的紧密关系，将人类个体连接至更广域的都市网络之中。唯有通过剖面，城市中这两种完全相异的要素才能被理解并视为同一系统，模糊了个人所有权与城市管理权的界线。帕特对建筑和街道排水系统的整合十分关注；为设计共用集成管网，他细致研究了下水道的深度与材料，以检验其坡度与水流，并保证其耐久性。相比而言，地上部分的建筑却被描绘得统一而简单，只作占位之用。远处的街道纪念碑则比近处的建筑剖面描绘得更为细致。由此，帕特的设计概念体现了两类城市剖面的发展轨迹，一类表达复杂性与层次性的增加，另一类代表着重复性排布的楼房形成的城市密度。

1910年，尤金·海纳德描绘的"未来城市"是对帕特理论的进一步延伸。海纳德继续运用剖面将可见与不可见的空间操作相结合；他预见了城市新型交通系统的前景，借此想象出一座具有多层次的管道、轨道、架空铁路的城市，利用剖面图强调各层城市环境的厚度。在该想象图里，矿车作为能量的来源，同时提供建筑与新型基础设施系统的联结。在眼花缭乱的装饰（例如能够抬升私人小汽车与飞行设备的垂直杆）之中，海纳德绘制了众多层状的居住空间，典型且具有重复性，其密度刚好满足相邻建筑的日照间距。

剖面图对海纳德等现代主义规划者与建筑师具有强烈的指导意义，因其能将地面转变为层次密集的都市基础，将城市交通与信息传递等新兴的、具有竞争性的技术通过不同的层次加以统合。剖面应用对于未来城市的概念化理解至关重要。从科贝特的"未来之城"（1913年）到纽约中央车站计划（1912年），再到勒·柯布西耶的"光辉城市"（Ville Radieuse）理论，建筑师们对未来城市的想象竟出人意料地一致——城市是多层次的舞台，通过剖面的单一视角表达其中有对比性、甚至是矛盾性的活动空间类型。

层叠式建筑主宰的时代

伴随着城市基础设施的逐步完善，18世纪以来，城市渐渐致力于卫生安全建设；20世纪，城市建设又在交通、能源与信息传递系统投入了更多精力；而剖面仍作为概念载体，呈现城市生活。随着人口密度的上升，市民居住空间愈加密集而紧凑；剖面的地位则愈发重要，用于组织与管理城市。城市可建设用地日趋宝贵，城市剖面层次日益复杂，隐含着多方力量的博弈，成为城市设计与建筑发明的试验场。从地下交通与排水系统到军用、民用避难所设计，19世纪末、20世纪初的工业化城市基础设施均通过剖面加以布置。

过大的人口密度使现代都市仅能以最平庸的建筑剖面形式加以建造，但却为剖面创造了另一种机会，即制定城市管理法规，并统筹地上、地下的控制系统。基于分区制的现代城市设计（包括建筑退台的规定、建筑高度的控制等）通过不断重复的楼宇剖面抑制了城市的无序蔓延。无论是建筑楼面面积规定、高度限制还是日照面积分析，现代分区制城市设计始终借助剖面进行有效的组织与控制。分区制控制经常强制性地引入建筑的剖面设计。1916年纽约的分区政策直接导致了20世纪30年代金字塔形退台建筑的兴起，该建筑类型不仅能保证垂直高度的最大化，其顶部向下斜削的形式亦可满足地面层与街道的采光要求。该政策导致了切削式、错列式建筑的兴建，在建筑红线内保证使用面积的最大化。现代政策对指定类型建筑面积的限制刺激了建筑师对剖面的设计创造，例如巧妙地设置夹层、中庭与双层通高的空间，以尽量实现建筑的创新性与独特性。

越来越多的新建筑类型（例如百货公司、多舞台剧院、旅馆与火车站）开始使用剖面作为说明性文档，将系统多样性、交通流线、功能组织加以分类。建造技术的复杂性协调了场地限制中的不同功能要求，与剖面的应用相得益彰，将分散的功能块组合进单一的体量之内。这些大规模的项目，通常是公共建筑，在单一结构形式的空

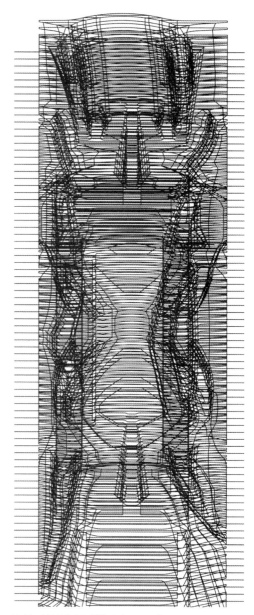

外交部建筑事务所，横滨码头，2002年
Foreign Office Architects, Yokohama Terminal, 2002

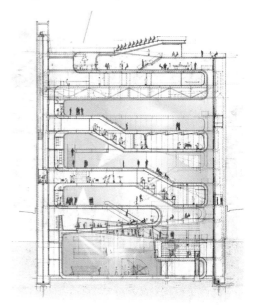

迪勒·斯科菲迪奥+伦弗罗建筑事务所，"眼光"艺术和科技博物馆，2004年
Diller Scofidio + Renfro, Eyebeam Museum of Art and Technology, 2004

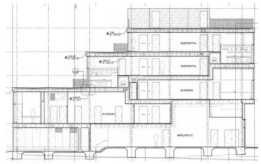

豪维勒+尹建筑事务所，2345号建筑，2008年
Höweler + Yoon Architecture, Building 2345, 2008

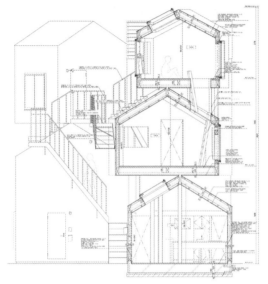

藤本壮介，东京公寓，2009年
Sou Fujimoto, Tokyo Apartment, 2009

WORKac建筑事务所，自然城市，2012年
WORKac, Nature-City, 2012

间内包含了城市的复杂技术系统，与私人住宅倾向的标准化剖面完全对立。但从根本上来讲，所有垂直建筑都不免依靠电梯及其他机械系统，反之，建筑的多元性与多层次性将不可能实现。

现代建造工程的高效性使得城市密度进一步提升，并对剖面发展产生了极其重要的影响。从芝加哥框架结构到多米诺体系，回顾现代高层建筑的发展历程，我们将会发现，它与在给定场地中以最少的成本创造市场价值的最大化的资本主义手段完全吻合。该高效体系如今已成定论，与适应功能多样性的复杂空间类型紧密结合，并否定了剖面创新的丰富可能性。并非每种人类活动或建筑系统均能适应板式建筑内的无差异空间。我们应该强调，恰恰是剖面对于空间想象的适应性，才使其能够抗衡建造技术的主导地位与空间组织的经济制约。放眼当今社会，对资本的过度追求已导致人类和环境付出了巨大代价，因此，探索剖面的复杂性与适应性是城市及社会的共同愿望。

当代剖面

工业化促进的材料与结构系统的进步，以及资本主义的经济需求，使20—21世纪的建筑在剖面层面上呈现出两极分化的现象。一方面，经济效率的考虑将剖面推向重复与同质的模式。另一方面，建造材料与系统的适应性大大增强，在日益增长的复杂性建筑需求之下，技术革新正刺激着剖面向前沿的建造领域探索，试图超越近代产生的承重墙体系。

如今，建筑学理论上的剖面探讨已被推向概念层面，其原因有二：首先，是上述标准化与复杂性之间的相互影响；其次，是前30年中数字技术的使用。易于复制与粘贴的计算机辅助绘图技术直接导致了千篇一律的建筑产品。与此同时，数字建模软件将之前难以可视化的空间、形式与材料的复杂性直接通过屏幕呈现，为创造独一无二的剖面复杂性奠定了基础。三维模型可快速切割并直接形成剖面，这种方式有助于将剖面作为辅助设计过程的工具。与建筑师使用软件创造并显示复杂形式的工作方式类似，工程师使用计算机来计算受力与荷载，其高效与准确进一步保证了结构的完整性。

另外，如今易得的剖面设计也反向促进了计算机虚拟空间向实际材料形式的转化。例如，大型空间的剖面通常被平行切割为几段并密集排列，以分离的片段进行切割、印刷、建造，之后组装为整体。剖面在实践中广泛使用，并成为可识别、甚至有些司空见惯的美学表达。但是，剖面却不是常用的生成性设计工具。一部分是因为"剖切"成为了众多软件命令之一，固定于程序界面之内。正因如此，剖面从设计创新的着力点变为了设计过程的显性结果——成为了软件可视化工具的副产品。

然而在21世纪初，剖面明显表达了形式复杂性的倾向，建筑学领域的种种探讨可为其佐证。诸多的建筑实践通常承载了建筑中日趋繁杂的功能性与表现性要求，某种程度上倚赖于精密数据与计算机软件的发明与更新。

其中，较易于识别的方法当属嵌套式剖面中的层状空间——它以清晰的功能体量或房间（而非楼层）组织整体的建筑形象。这些建筑充分承认层状空间是内部空间的主导要素，并以此刺激更新奇的建筑实践。如儿童搭积木一般，在MVRDV建筑事务所的鹿特丹市场项目中，其结构看似是建筑师的玩笑——水平切削形成的巨大拱形体量内整合了公寓的层状体系，而拱形体量形成的顶棚下方则嵌入了公共零售与停车空间。无独有偶，奥维勒＋尹（Höeler ＋ Yoon）建筑事务所将嵌套与垂直切削相结合，以在场地限制内创造交织的公寓空间。

不过，实践亦证明，高度形象化的嵌套形式中的层状空间通常无法直接契合。因此，剖面呈现出几组体量之间密集的堆叠关系，而每组体量的形式与轮廓仍然清晰可辨，例如WORKac建筑事务所的自然城市项目，以及藤本壮介的东京公寓项目。在以上设计中，由累积操作形成的内部空间与其外部形式适用于同一逻辑体系。

倾斜式剖面的发展衍生了两类相关的剖面，一类倾向于内部空间，一类倾向于外部空间。在内部倾斜型的剖面模型中，建筑师试图将倾斜楼板加以延展，使内部的倾斜体系与外部的整体形式呼应。该类型设计常常通过倒角使倾斜的楼板与墙体融为一体，将所有表面统合，并兼顾复杂的场地条件。由此，倾斜式剖面的实用性得以与

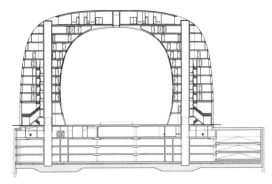

MVRDV建筑事务所，鹿特丹市场大厅，2014年
MVRDV, Market Hall, 2014

扎哈·哈迪德建筑事务所，阿布扎比表演艺术中心，2008年
Zaha Hadid Architects, Abu Dhabi Performing Arts Center, 2008

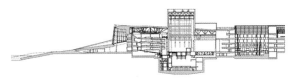

斯诺赫塔建筑事务所，挪威国家歌剧与芭蕾舞剧厅，2008年
Snøhetta, Norweigian National Opera and Ballet, 2008

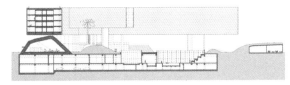

斯蒂文·霍尔建筑事务所，万科中心，2009年
Steven Holl Architects, Vanke Center, 2009

三维的连续体量相结合。其中，造价最高且尤为复杂的建筑实例当属大型文化建筑，例如伊东丰雄设计的台中大都会歌剧院与扎哈·哈迪德建筑事务所设计的阿布扎比表演艺术中心。试作建筑修辞的类比，剖面是将场地与景观相融，而倾斜楼板则采用了夸张的雕塑性手法，以强调相融的含混关系。在斯蒂文·霍尔建筑事务所设计的万科中心、斯诺赫塔建筑事务所设计的挪威国家歌剧与芭蕾舞剧厅、多米尼克·佩罗（Dominique Perrault）设计的梨花女子大学（Ewha Womans University）三个项目中，建筑均有部分屋顶融于地景之中，使地面层因剖面的介入而复杂多变。

本书的初衷是创造一种探究剖面的开放灵活的方法，梳理剖面这一设计工具的理论体系，作为分析与评价的基础。通过概括剖面的历史，并在分类框架下辨析剖面类型的差异，我们实现了对剖面更为精准、富于创造力的理解与探索。事实上，当代的建筑实践正被计算机技术支持并改变，亟需工具性的手段以研究并检验剖面的内涵。

剖面是理解当今社会、环境与材料问题的关键方法。基于剖面的设计与思考可直接确立建筑形式、内部空间、外部场地之间的关系，而操作的结果关乎尺度，是切实有形且出自本心的。在剖面中，环境与自然系统被描绘、结合并探索；在剖面中，材料发明与建构逻辑相互影响，为空间和功能的构架奠定了基础。作为一种无法直接可见的"切割"，剖面作为持续发展的建筑实践新领域，正昭示着建筑探索的现在与未来。

参考文献

［1］ Ackerman, James S. "Architectural Practice in the Italian Renaissance." *Journal of the Society of Architectural Historians* 13, no. 3 ,1954: 3–11.

［2］ Ackerman, James S. "Villard De Honnecourt's Drawings of Reims Cathedral: A Study in Architectural Representation." *Artibus et Historae* 18, no. 35 ,1997: 41–49.

［3］ Allen, Stan, and Marc McQuade, eds. *Landform Building*. Baden: Lars Müller, 2011.

［4］ Ashby, Thomas. "Sixteenth-Century Drawings of Roman Buildings Attributed to Andreas Coner." *Papers of the British School of Rome* 2 ,1904: 1– 88.

［5］ Carlisle, Stephanie, and Nicholas Pevzner. *The Performative Ground: Rediscovering the Deep Section*, 2012, accessed October 15, 2014, http://scenariojournal.com/article/the-performative-ground/.

［6］ Chapman, Julia. "Paris: The Planned City in Section." Undergraduate thesis, Princeton University, 2009.

［7］ Emmons, Paul. "Immured: The Uncanny Solidity of Section." Paper presented at the Association of Collegiate Schools of Architecture, Montreal, Quebec, Canada, 2011.

［8］ Evans, Robin. *The Projective Cast: Architecture and Its Three Geometries*. Cambridge, Massachusetts: MIT, 2000.

［9］ Guillerme, Jacques, Hélène Vérin, and Stephen Sartarelli. The Archaeology of Section. *Perspecta* 25. Cambridge, Massachusetts: MIT, 1989.

［10］ Hénard, Eugène. "The Cities of the Future." In *Transactions. Town Planning Conference, London, 10–5 October 1910*, 345 – 367. London: Royal Institute of British Architecture, 1911.

［11］ Iwamoto, Lisa. *Digital Fabrications: Architectural and Material Techniques*. New York: Princeton Architectural Press, 2009.

［12］ Koolhaas, Rem. *Delirious New York: A Retroactive Manifesto for Manhattan*. New York: Monacelli, 1994.

［13］ Lewis, Paul, Marc Tsurumaki, and David J. Lewis. *Lewis.Tsurumaki.Lewis. Intensities*. New York: Princeton Architectural Press, 2013.

［14］ Lewis, Paul, Marc Tsurumaki, and David J. Lewis. *Lewis.Tsurumaki.Lewis. Opportunistic Architecture*. New York: Princeton Architectural Press, 2008.

［15］ Lotz, Wolfgang. *Studies in Italian Renaissance Architecture*. Cambridge, MA: MIT, 1977.

［16］ Machado, Rodolfo, and Rodolphe el-Khoury. *Monolithic Architecture*. New York: Prestel-Verlag, 1995.

［17］ Magrou, Rafaël. "The Glories of the Architectural Section." *Harvard Design Magazine* 35 ,2012: 34 – 39.

［18］ Marder, Tod A. "Bernini and Alexander VII: Criticism and Praise of the Pantheon in the Seventeenth Century." *Art Bulletin* 71,1989: 628 – 645.

［19］ Moussavi, Farshid. *The Function of Form*. Barcelona: Actar and Harvard University Graduate School of Design, 2009.

［20］ O'Neill, John P., ed. *Leonardo Da Vinci: Anatomical Drawings from the Royal Library Windsor Castle*. New York: Metropolitan Museum of Art, 1983.

［21］ Palladio, Andrea. *The Four Books on Architecture*. Translated by Richard Schofield and Robert Tavernor. Cambridge, MA: MIT, 2002.

［22］ Rohan, Timothy M. *The Architecture of Paul Rudolph*. New Haven: Yale University Press, 2014.

［23］ Rosenfeld, Myra Nan. *Serlio on Domestic Architecture*. Mineola, New York: Dover Publications, 1978.

［24］ Serlio, Sebastiano. *The Five Books of Architecture*. London: Robert Peake, 1611.

［25］ Tallon, Andrew J. "The Portuguese Precedent for Pierre Patte's Street Section." *Journal of the Society of Architectural Historians* 63, no. 3 ,2004: 370 –377.

［26］ Tsukamoto, Toshiharu, and Momoyo Kaijima. *Graphic Anatomy. Atelier Bow-Wow*. Minato City, Tokyo: TOTO, 2007.

［27］ Tsukamoto, Yoshiharu, and Momoyo Kaijima. *Graphic Anatomy 2. Atelier Bow-Wow*. Minato City, Tokyo: TOTO, 2014.

［28］ Viollet-le-Duc, Eugène Emmanuel. *Dictionnaire Raisonné De L'Architecture Française Du Xie Au Xvie Siècle*. 8 vols. Paris: Morel, 1858 – 1868.

［29］ Viollet-le-Duc, Eugène Emmanuel. *Discourses on Architecture*. Translated by Henry Van Brunt. Vol. 1. Boston: James R. Osgood and Co., 1875.

［30］ Viollet-le-Duc, Eugène Emmanuel. *Lectures on Architecture*. Translated by Benjamin Bucknall. Vol. 2. Boston: James R. Osgood and Co., 1881.

将平面直接拉伸一定高度以满足预设的功能需求

楼层直接垂直相叠；将拉伸型剖面重复堆叠，每层可能存在变化

将一处或多处水平面进行变形处理以实现雕塑化的空间

在建筑的水平或垂直维度设置裂口或切口以形成剖面变化

在楼板中布置任意数量或尺度的孔洞，在剖面中激活消极空间

将可用的水平面旋转一定角度，将平面倾斜至剖面维度

对体量进行交错或叠加等清晰的操作，以创造剖面效果

层叠、拉伸、变形、切削、穿孔、倾斜、嵌套的任意结合；实际上，建筑剖面很少以单一形式存在

拉伸

将平面拉伸一定高度以满足预设活动的需求，是剖面的根本形式。拉伸型剖面在垂直维度上几乎没有变化。基于高效性的考虑，绝大多数建筑均选择该形式，比如单排商业区、大型超市、工厂建筑、单层别墅和绝大多数的多层住宅、办公和商业建筑。

玻璃屋 菲利普·约翰逊
Glass House Philip Johnson

都灵劳动宫 皮埃尔·鲁基·奈尔维
Palace of Labor Pier Luigi Nervi

神奈川工科大学工房 石上纯也建筑事务所
Kanagawa Institute of Technology Workshop
Junya Ishigami + Associates

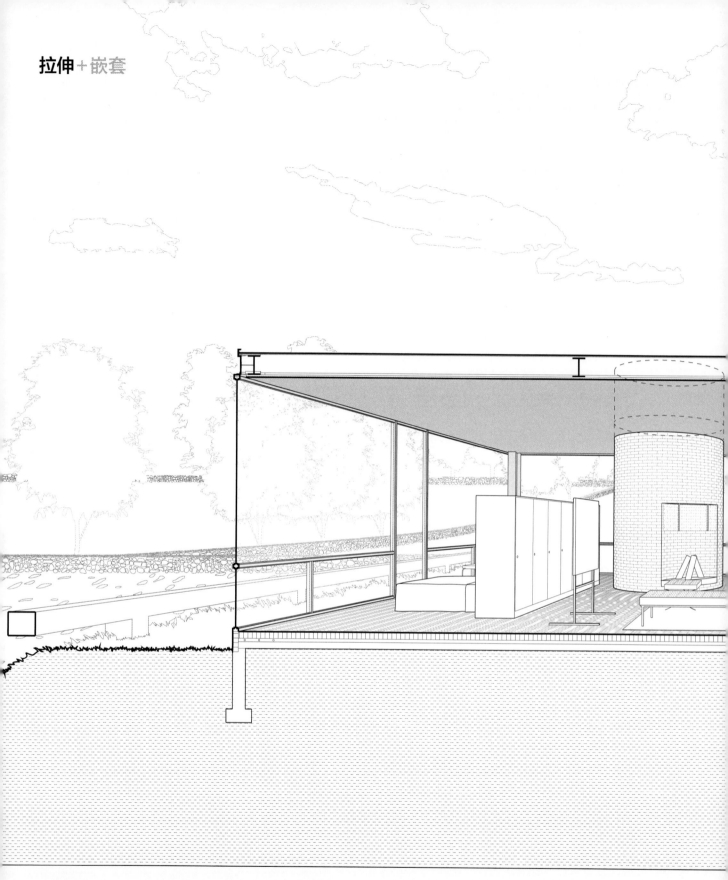

玻璃屋 ｜ 美国，康涅狄格州，新迦南

菲利普·约翰逊的玻璃屋，是他14栋房地产建筑项目的第一座。这栋建筑高达3.2米，由钢框架屋顶、砖砌地面、玻璃幕墙围合空间，外界面设八根立柱对玻璃幕墙进行划分。水平横跨梁嵌入屋顶，在室内空间中被隐藏起来，只留下钢框窗的纤细轮廓，营造大片玻璃的纯粹效果。半高的木制橱柜和高至屋顶的砖砌圆筒定义了房间的组织结构。橱柜将卧室与

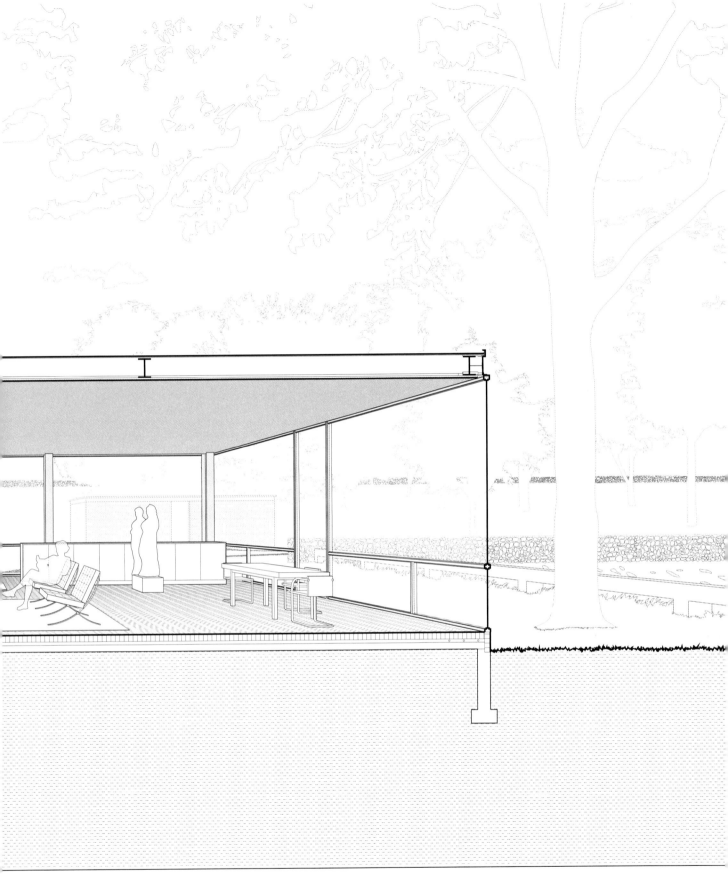

菲利普·约翰逊｜1949年

起居室分隔，界定私密与开放空间；圆筒从砖砌地面上拉伸起来，成为房间的竖向核心，容纳浴室与壁炉功能。在该拉伸型剖面中，玻璃幕墙促成了视觉转换，光影效果、镜面反射、阴晴变化与季节流转赋予其活力，通透的界面使室内空间水平延展，与周围景色融为一体。此剖面更多地引导了水平性而非垂直性的视觉效果。

拉伸

都灵劳动宫 | 意大利，都灵

都灵劳动宫的巨大展厅及培训空间占地25 000平方米，赶工建造，历经11个月建成。屋顶由16个高25米的蘑菇状独立结构撑起，每个蘑菇状结构由20米高的铸造钢筋混凝土柱及顶部40米长的方钢屋顶组件构成。将构件进行组装，逐一完成蘑菇状结构，使玻璃幕墙能在整个屋顶完成之前得以建造，室内设计亦能同步进行。巨大的混凝土柱从底部边长5米的十

皮埃尔·鲁基·奈尔维 ｜ 1961年

字形逐渐变成顶部直径2.5米的圆形，顶部锚固20根钢梁辐条，用以支撑屋顶。连续玻璃带延展于结构之间，使自然光进入室内，并暗示每个结构单元的独立性。一排外部钢筋跨

于四周的中间层幕墙与屋顶之间，加强玻璃幕墙的封闭性。此剖面的高度和规模超过了一般形制，并将拉伸型剖面转变为公共空间和宏大奇景。

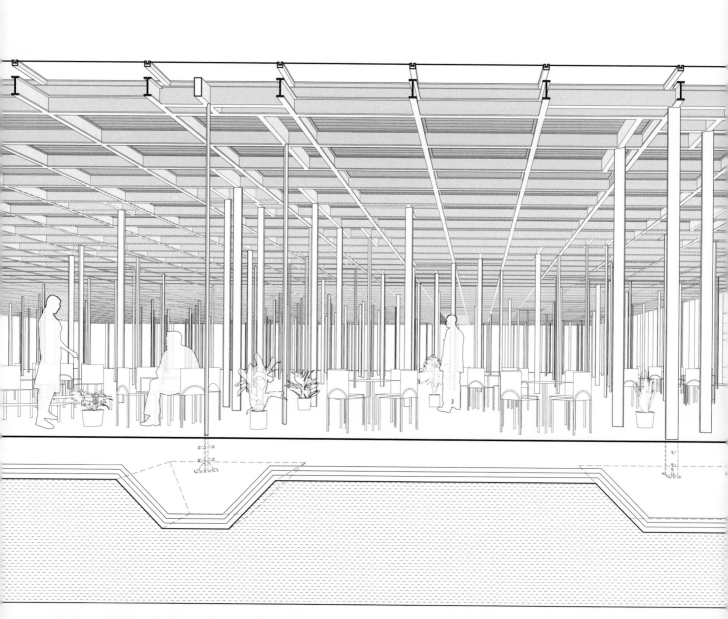

神奈川工科大学工房 │ 日本，神奈川

在平面中，单层空间被勾勒为略微变形的正方形，边长46米。钢柱（总共305根）成组分布，每组密度各异，为工程系学生提供灵活多样的工房空间。钢柱尺寸由1.6厘米×14.5厘米至6.3厘米×9.0厘米不等，饰以白色涂层。钢柱有42根受压，263根为后张预应力构件以承受侧向力。屋顶高达5米，由20厘米高的梁组成平面网格。这些钢柱将屋顶与带基

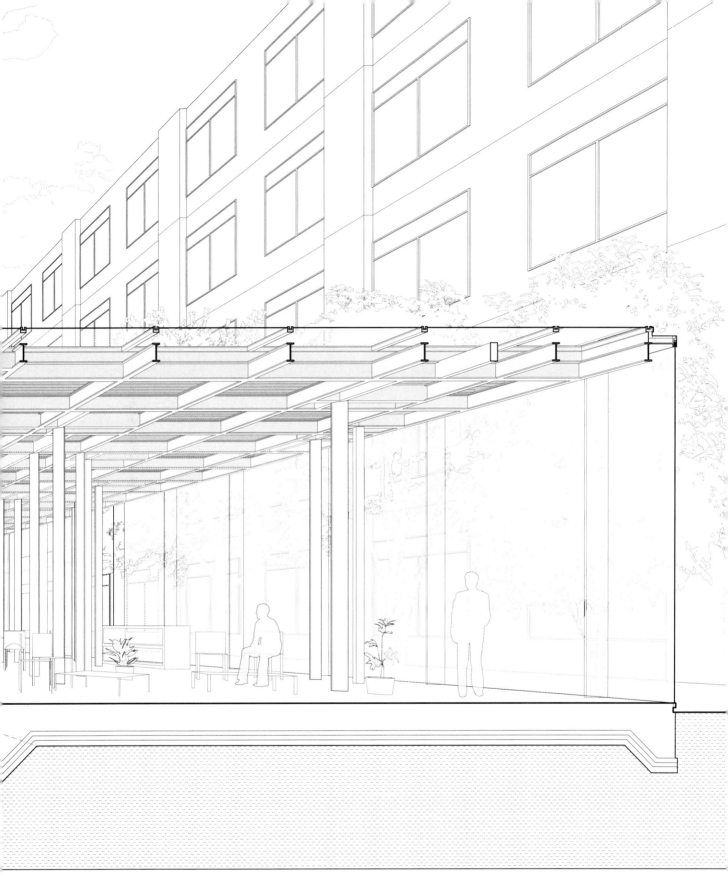

石上纯也建筑事务所｜2010年

脚的混凝土板连接起来。与那些诸如大型商场的拉伸型剖面相比，该剖面虽未减少柱的数量以提高平面的高效性与灵活性，却将垂直结构从一根根柱子的集合转变为复合的场域，消解结构与空间的界限，并由此产生异质而非均质的空间效果。此拉伸型剖面通过垂直结构加以表达，重新解读了效率与层级的多重内涵。

层叠式剖面能够提高房屋的建筑面积和组织容量，却不增加其占地面积，从而提升经济价值。符合建筑剖面创作的基本动机。重复的层叠式剖面大致等同于拉伸型剖面，布局并无新意。另外，层叠式剖面本身并不营造建筑室内效果。

纽约市中心运动俱乐部　斯塔雷特和范·弗利克建筑事务所
Downtown Athletic Club　Starrett & Van Vleck

美国伊利诺理工学院皇冠厅　密斯·凡·德·罗
S.R.Crown Hall　Ludwig Mies van der Rohe

萨尔克生物研究所　路易斯·康
Salk Institute for Biological Studies　Louis I. Kahn

圣保罗州艺术博物馆　丽娜·博·巴尔迪
São Paulo Museum of Art　Lina Bo Bardi

布雷根茨美术馆　彼得·卒姆托
Kunsthaus Bregenz　Peter Zumthor

2000年汉诺威世博会荷兰馆　MVRDV建筑事务所
Expo 2000 Netherlands Pavilion　MVRDV

层叠

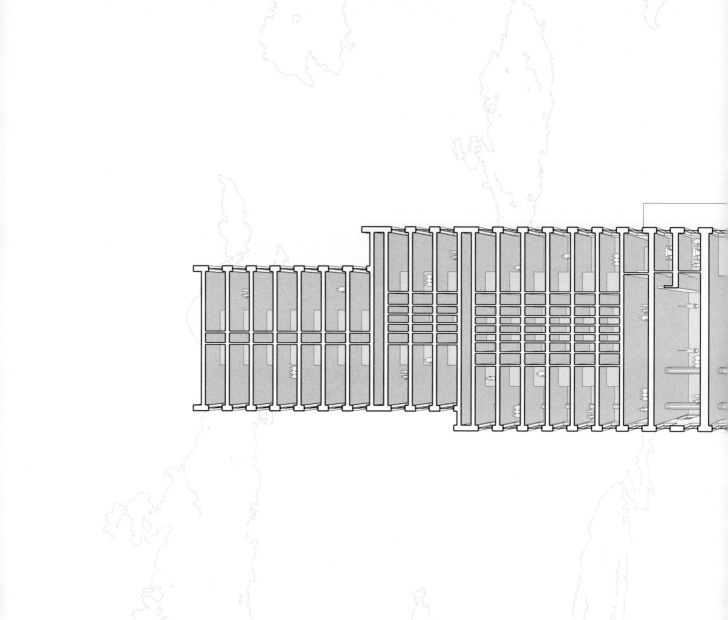

纽约市中心运动俱乐部 | 美国，纽约州，纽约市

纽约市中心运动俱乐部的退台式体量是顺应场地限定条件的结果，但它形成的垂直体块恰恰对应内部空间的层状关系。建筑底层最宽的体块容纳大堂、办公室和台球室。二层以上体块的大部分空间容纳运动项目，每类项目占一层。活动室、休息室、餐厅与较小的卧室位于较狭窄的顶层空间内。大跨度钢梁保证了每层楼南侧形成无柱空间，而垂直交通设置在建筑北

斯塔雷特和范·弗利克建筑事务所 | 1930年

侧，形成线性核心筒。在这座35层的建筑中，从卧室的1.8米到体育馆尺度的7.2米，共有19种不同的层高。以上剖面的变化并不在立面上显露；人在乘电梯和走楼梯时可以体验到层高的变化。层叠式剖面能保持每个楼层的独立性，使用空间却是占地面积的数倍；由此，诸多项目，尤其是许多需要精确高度的运动项目，均可在紧凑的城市地块中共存。

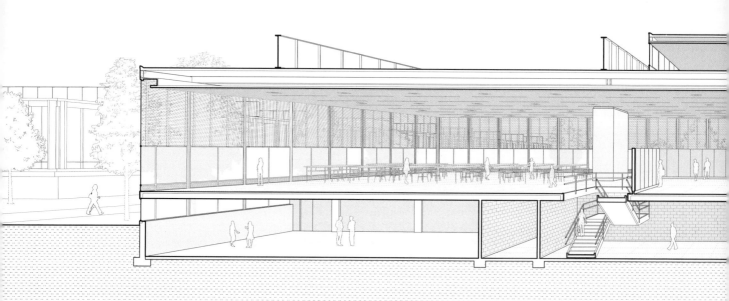

美国伊利诺理工学院皇冠厅 | 美国，伊利诺斯州，芝加哥

作为密斯·凡·德·罗设计的伊利诺理工学院的核心建筑，皇冠厅在其主楼层布置了建筑学院的专业教室和展览空间，而在半地下层设有办公室、工作室和教室。四个1.8米宽的焊接双板梁放置在外界面的八根柱上，其下悬挂吊顶，释放了

67.1米×36.6米的地上一层空间，一览无余。由此产生5.5米高的通透室内空间，仅由两个通风轴和橡木隔板标识空间的不同功能区。为了控制自然光线并保证视线交流，玻璃幕墙在平面基准线两侧采取不同的处理方式：在2.4米以上，由

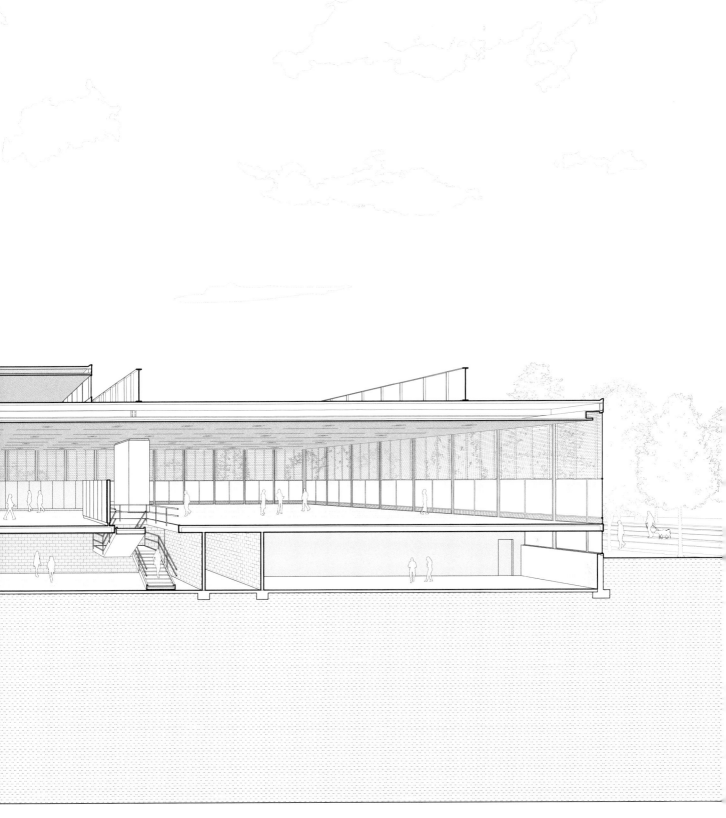

密斯·凡·德·罗 ｜ 1956年

百叶窗遮盖透明玻璃；而在2.4米以下，幕墙底部玻璃则是半透明的，百叶窗提供自然通风。具有延展性的整体拉伸型剖面创造了建筑奇景，但半地下的底层空间则承担着主要功能 —— 其中包含备用教室、服务空间和砌于水泥块墙内的垂直交通系统。皇冠厅是灵动的上层空间由底层实用空间支撑的拉伸型剖面范例之一。

层叠+穿孔

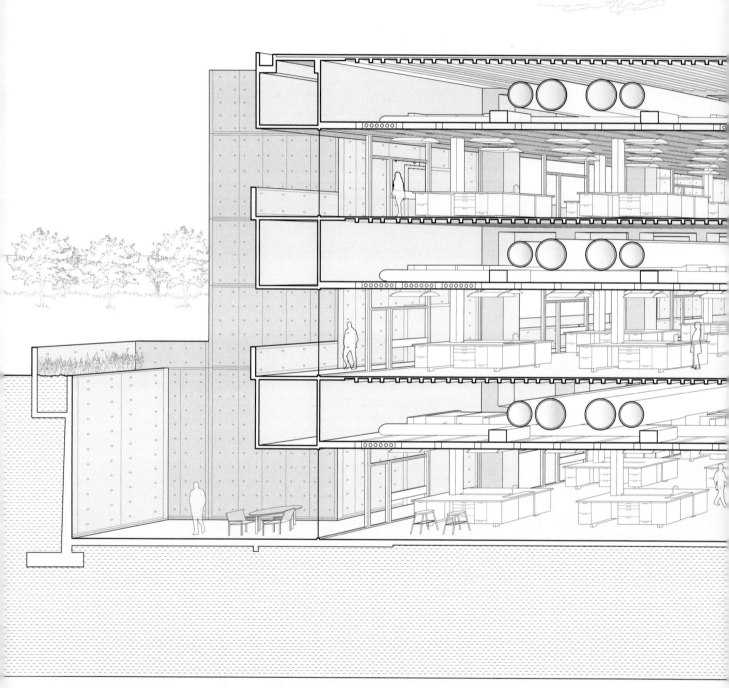

萨尔克生物研究所 | 美国，加利福尼亚州，拉荷亚市

对称的两组塔楼，每组五座，分立于索尔克生物研究所庭院的两侧。每组塔楼在外部可连接至实验楼。实验楼内部无柱，面积为19.8米×74.7米，层高3.4米。现浇混凝土空腹桁架横跨实验室楼板，其上布置机械系统层。虽然实验楼仅有三层，但该建筑通常被认为是六层建筑，原因是服务楼层（即机械系统层）在该剖面中地位显著。根据当地的建筑限高

路易斯·康 | 1965年

政策，建筑的 1／3 位于地下。在实验楼的两侧，巨大的采光
井将日光引入较低的楼层。实验楼层叠型剖面的尺度与研究
塔楼一致，而塔楼的工作室与实验室的服务楼层高度持平，

创造了两栋建筑物之间相互分离的效果。

層疊+穿孔

圣保罗州艺术博物馆 | 巴西，圣保罗

这座文化中心由三个体量层叠构成：第一个悬于8米的空中，第二个埋于地下，第三个介于两者之间，成为街道层次的室外观景台。两对中空预应力混凝土框架，截面尺寸为2.5米×3.5米，长达74.1米，悬挑两层高。下层设置办公室、图书馆和中央展览空间，混凝土梁的正下方是对外通道。在上层，混凝土梁位于室外，使展厅通透敞亮，四面均由幕墙围

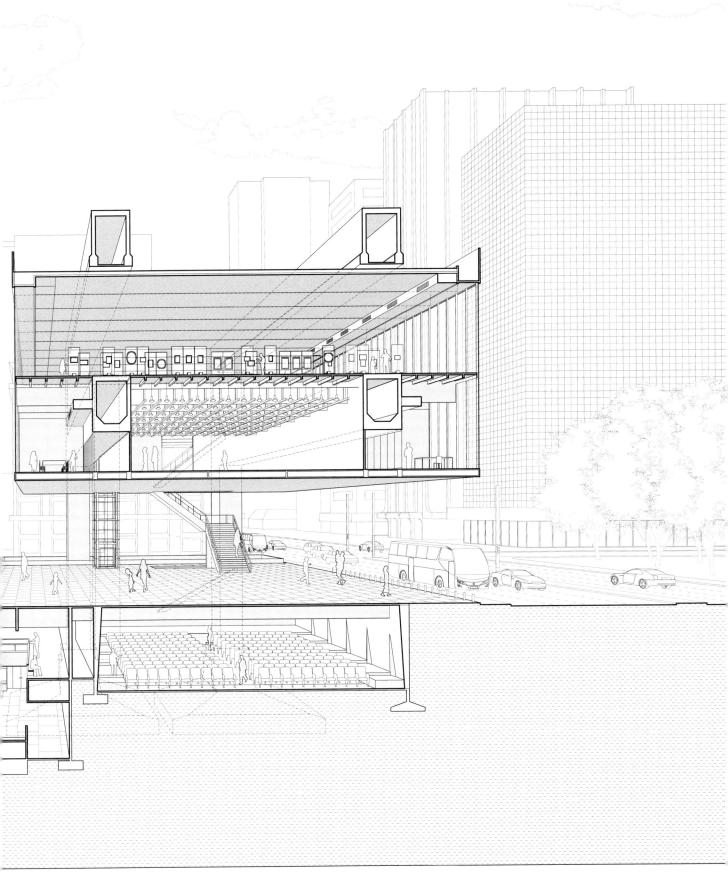

丽娜·博·巴尔迪 ｜ 1968年

合。室外楼梯和电梯将出挑的体量、广场与下层的礼堂、剧院、餐厅、图书馆、市民大厅和服务空间相连。该层叠式综合体利用场地的地形优势，奇绝之处在于：它既是"下沉的"，又是"漂浮的"；既有隐秘性，又兼具纪念性；既结构紧凑，又自由舒展。

层叠+嵌套

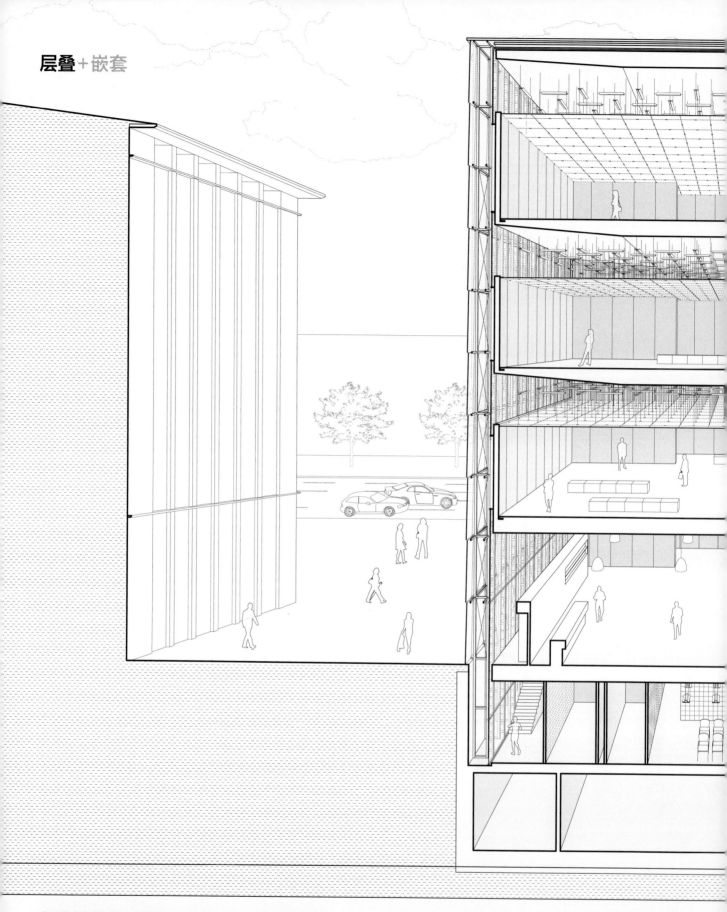

布雷根茨美术馆 | 奥地利，布雷根茨

建筑的独立体量、半透明的玻璃雨幕，如面纱般将剖面的复杂性隐含其中。平面呈正方形，建筑由双层结构嵌套而成。钢格架支撑外部玻璃板与内部膜结构幕墙。玻璃层之间91厘米的空腔控制热交换与进光量。在建筑内部，独立的混凝土结构将三个展览空间定位于建筑上半部分，下半部分是地面层入口大厅与两层地下空间；地下层包含礼堂、档案馆和

彼得·卒姆托 | 1997年

服务空间。三道墙壁结合垂直交通布置，支撑混凝土地板，创造出无柱的展览空间。该建筑与萨尔克生物研究所异曲同工，每个展览层上方的集气室均利用人工照明增强照度，与来自外部的漫射光一起，照亮蚀刻的玻璃天花板。建筑有五层对公众开放，仅有两层层高相同。该建筑的独立体量中嵌入的可变层叠型剖面，使其内部和外部拥有奇妙的发光效果。

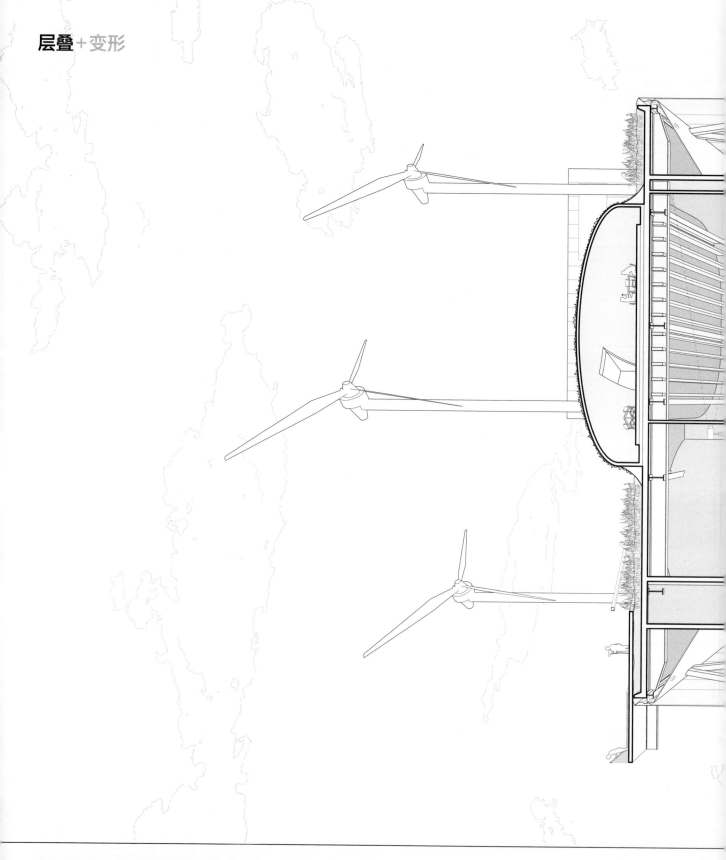

2000年汉诺威世博会荷兰馆 | 德国，汉诺威

该临时展馆将六种荷兰独特风景的模拟形态直接叠置。从位于地下的办公室向上行走展开观览序列，游客将会遇见沙丘、温室、大型播种机、森林和围海造田形成的低地。该"垂直公园"意在表达"可居住的土地厚度"，极具美观性、结构性与组织性；随着楼层升高，逐渐与环境脱离。该建筑层高为2.6米到11.8米不等；结构亦从无定形混凝土、倾斜的树干形杆件变换为常规排布的托梁结构。每层均具有独立性，从剖面上我们几乎无法看出物理条件的转换和空间系

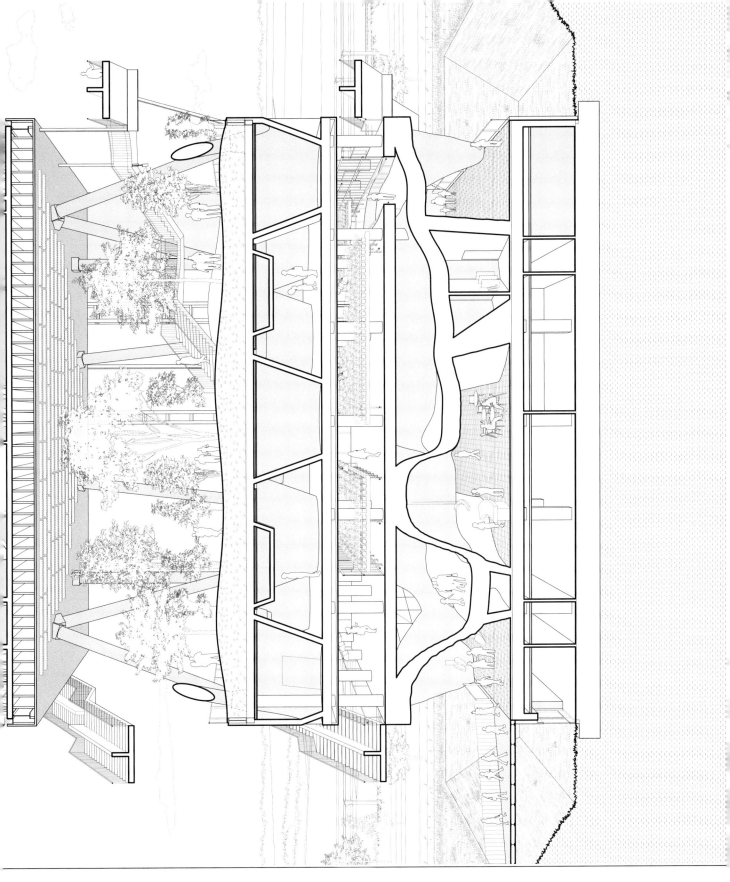

统的连通。出口楼梯和电梯位于建筑物的外围，承担所有垂
直交通。交通结构的单一性与各个楼层的多变性形成鲜明的
对比。通过有限面积的外表皮，立面显露了建筑物的剖面属
性，将楼层的不断变化呈现为建筑的外在形象。因此，层叠

式剖面并不是典型平面的单纯重复，而是在平面边界相同的
情况下，对各层差异性的着意强调。

变形

变形是对剖面平整表面的调整。它为剖面创造体量变化，可能发生在地面、屋顶或兼而有之。对屋顶的调整不会影响平面效率，因此更为常见。变形式剖面通常应用于大尺度方案中。

贝纳蒂小屋 鲁道夫·辛德勒
Bennati Cabin Rudolph Schindler

朗香教堂 勒·柯布西耶
Notre Dame du Haut Le Corbusier

洛斯·马南蒂亚莱斯餐厅 费利克斯·坎德拉
Los Manantiales Restaurant Félix Candela

亨特学院图书馆 马塞尔·布劳耶
Hunter College Library Marcel Breuer

塞伊奈约基图书馆 阿尔瓦·阿尔托
Seinäjoki Library Alvar Aalto

圣伯纳黛特杜班雷教堂 克劳德·巴夯和保罗·维利里奥
Church of Sainte-Bernadette du Banlay

Claude Parent and Paul Virilio

巴格斯韦德教堂 约恩·伍重
Bagsværd Church Jørn Utzon

海洋冲浪博物馆 斯蒂文·霍尔建筑事务所
Cité de l'Océan et du Surf

Steven Holl Architects

台中大都会歌剧院 伊东丰雄建筑事务所
Taichung Metropolitan Opera House

Toyo Ito & Associates

变形

贝纳蒂小屋 | 美国，加利福尼亚州，箭头湖

贝纳蒂小屋是鲁道夫·辛德勒A形度假屋的早期尝试，这座由两间卧室组成的小屋由14个等边三角形木框架组成，边长7.3米，间隔1.2米。在小屋中，与典型的木构建筑不同，屋顶并非位于垂直墙壁的上方，而是直接由顶部向下直达地面。公共空间设置在较为宽敞的底层，两个卧室的床位则位于空间较为狭窄的上层。5.1厘米×20.3厘米的水平梁与7.6厘米×15.2厘米的屋顶椽——连接，支撑楼板，并牵制屋顶的外向推力。纵向布置的窗水平延伸至室内空间，定制家具

与三角形框架结合，使锐角三角形的底角可为人所用。该木构建筑锚固在岩石地基之上，与地形产生对话，壁炉从地面岩石处抬升，烟囱直达屋顶。胶合板材质的楼梯沿壁炉边缘设置。该剖面不仅为木结构提供有效形式，定义房屋的组织方法，还满足了当地阿尔卑斯山风格的建筑审美标准。

变形+层叠

朗香教堂 | 法国，朗香

朗香教堂是勒·柯布西耶著名的朝圣教堂设计，其剖面揭示了材料与结构之间看似矛盾、实则合理的关系。南侧墙和屋顶体量巨大，但内部均为空心。屋顶局部厚度超过2.1米，由弯曲的混凝土大梁和跨梁之间的平行檩条支撑，保证结构的稳定性。该结构系统使屋顶表面向下凸出，限定室内空间，并引导排水方向，将雨水聚集至后部的单个排水孔内。南侧墙由内部混凝土框架支撑；其上的锥形孔结构为喷射水泥砂浆薄壳。相比之下，其他外墙的体量逊于南侧墙体，内部却

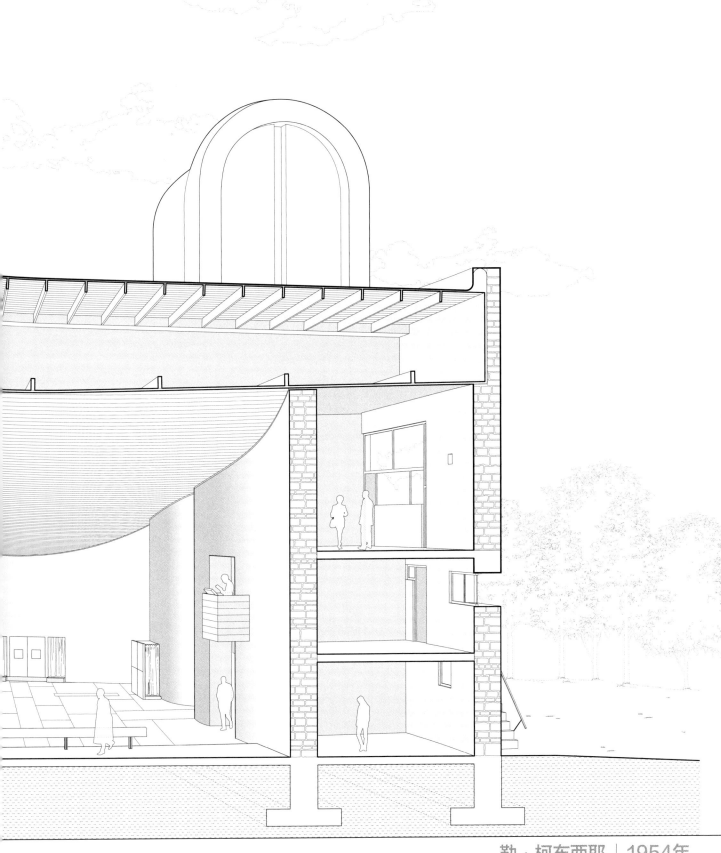

勒·柯布西耶 | 1954年

为实心——由混凝土柱和场地原教堂遗址的石头构成。南侧墙体和屋顶之间留有缝隙，之间嵌以20.3厘米的玻璃天窗。天窗将屋顶照亮，赋予其漂浮感，仿佛静谧地悬浮于墙体之上。根据场地的地形特点，地面向祭坛方向微微倾斜。与其他宗教建筑不同，朗香教堂使用凹形屋顶围合并聚焦室内空间，而凸形的变形式剖面向外挤压，界定了建筑的独立性与中心性，并与教堂中殿两侧的三个小礼拜堂融为一体。

变形

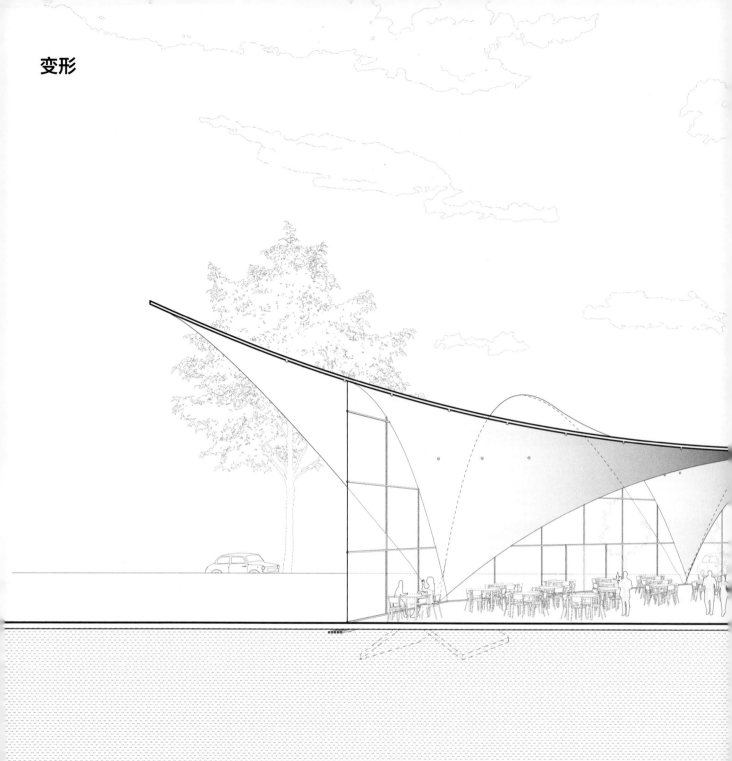

洛斯·马南蒂亚莱斯餐厅 | 墨西哥，墨西哥城

洛斯·马南蒂亚莱斯餐厅是费利克斯·坎德拉的薄壳混凝土结构中最负盛名的实例之一。薄壳采用四个相交的双曲抛物面——沿两个平面同时弯曲的空间曲面。该薄壳由直木条支模建造。在波谷交叉处，采用V形梁结构，并用额外的钢筋加固，加强穹棱拱顶底部的强度。薄壳结构仅4.1厘米厚，直径却达到42.4米，距原点最远处跨度达32.3米，结构的轻薄感与大跨度在抛物线马鞍形的外部形式中清晰可见。薄壳结构中部为5.8米高，最高外部标高为9.9米；建筑坐落在倒伞形

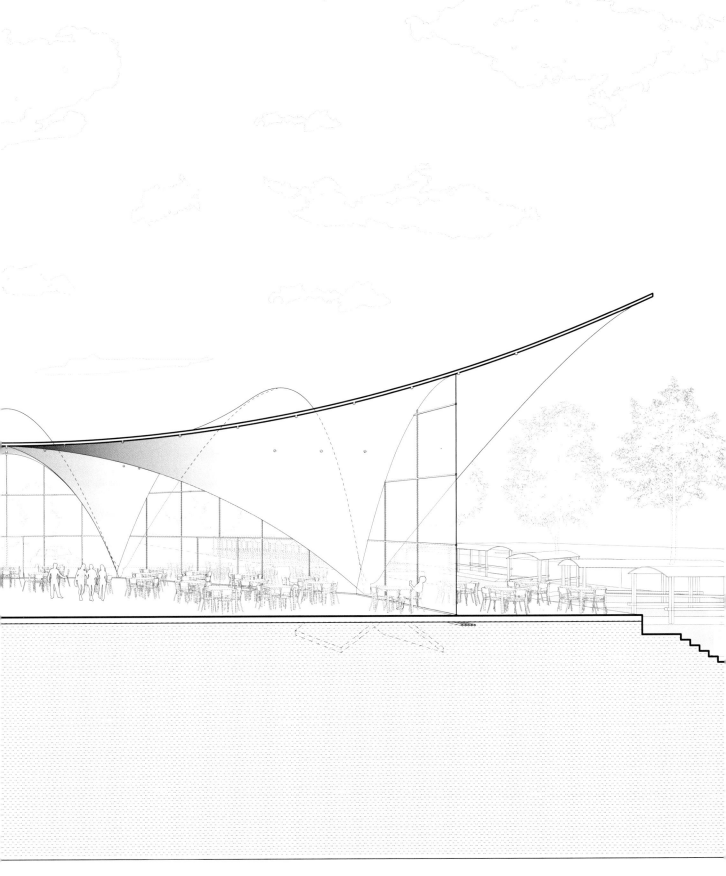

基础上，荷载均匀分布于软土地基之上。建筑形式与生成手法均由结构形式决定。虽然本案为单一空间，却通过屋顶朝向的不同划分了八个就餐区。在屋顶界定的区域外围，建筑师利用玻璃幕墙为人们提供运河与公园的全景视野；幕墙方

向垂直于双曲线相交的原点，并与变形式剖面融为一体。

变形

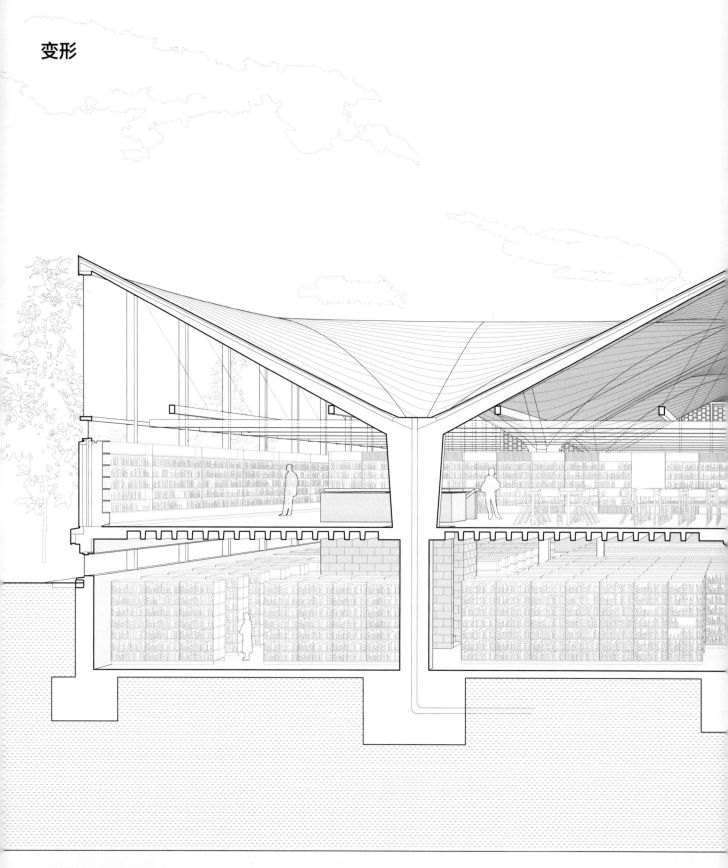

亨特学院图书馆 | 美国，纽约州，纽约市

该图书馆是两座综合性建筑之一，另一座主要容纳教室与行政办公室。图书馆由两部分构成：地上层为36.6米×54.9米的阅览室，地下层分布着藏书区、办公室和大多数辅助用房。矩形平面撑起六座倒伞形结构，其中心间距为18.3米，

高达10.8米。倒伞形结构形似"花萼"，它们相互拉结以提供侧向连接，支撑周边玻璃幕墙，并限定阅览室的体量。此外，雨水聚集在"花萼"中，流进十字形柱内部设置的排水管。伞形结构采用双曲抛物面的形式，为薄壳混凝土结构，

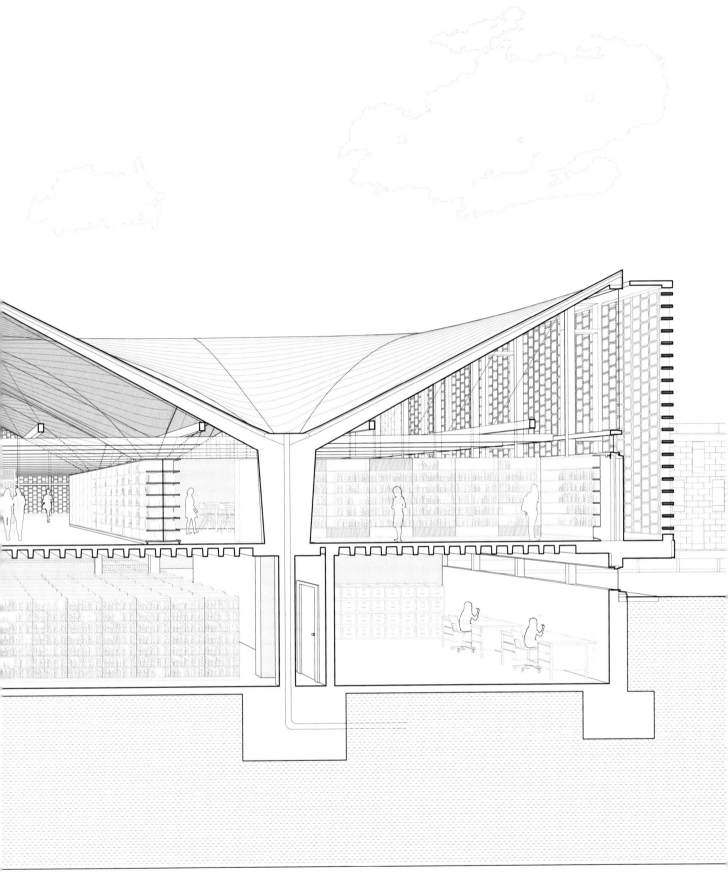

马塞尔·布劳耶 ｜ 1960年

由直木条支模建造。悬浮的铝制网格天花板悬挂线性排列的灯具，与其上方曲线形的屋顶形成对比。东侧与南侧墙体的外部遮阳板由红土陶瓷烟道砖砌成。在本案的变形式剖面中，建筑起伏的屋顶直接遵循其结构外壳的几何形式，将矩形平面塑造为波浪状的体积空间，赋予其动感与生命。

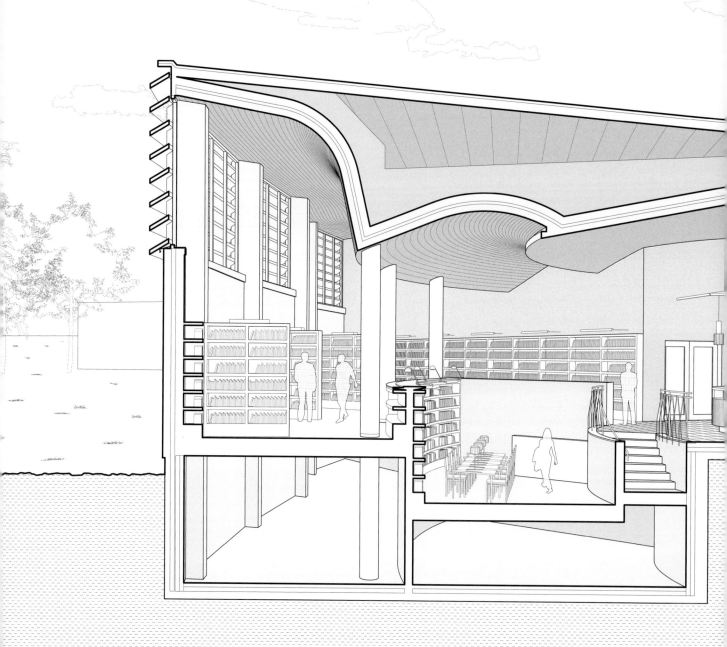

塞伊奈约基图书馆 │ 芬兰，塞伊奈约基

该图书馆占据了市政校园中心的一侧。平面包括矩形的教室和附属空间，与扇形的书架和阅读区域相结合；矩形与扇形的交会处布置了借还书服务台。屋顶与楼板采用现浇混凝土，建筑师对剖面的调整尤为精心，以创造丰富的光影效果

与通透的内部视野。在扇形书架的外围，下凹形天花板将南侧光线漫射至室内空间，北侧微微倾斜的天花板则使服务台上方天窗投射的自然光均匀分布。阅读区采用阿尔托典型的图书馆设计手法，下沉空间在成列布局的藏书架中创造了内

阿尔瓦·阿尔托 | 1965年

部隔离的环境。在其上方的天花板剖面为凹形，接收的光十分有限，使其更加灰暗，强化该区域柔和而略带压抑的空间氛围及体验。下沉阅读区与借书台在视线上连通。上翻梁支撑起伏的屋顶，被巨大的屋顶空腔包裹其中，使室内空间的

形式在外部体量之中不可见。在该变形式剖面中，楼板与屋顶层层相叠，空间品质与使用体验均令人印象深刻。

变形+倾斜+嵌套

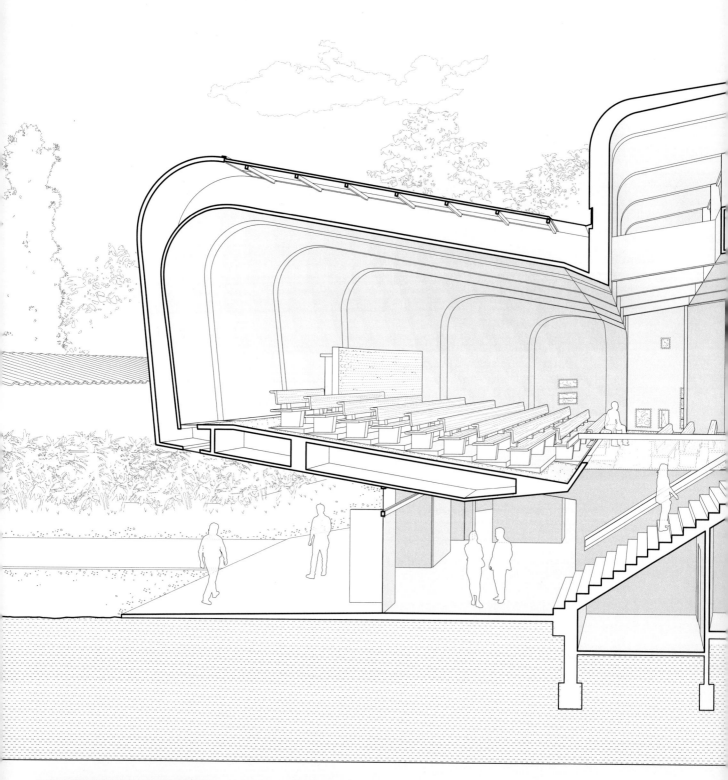

圣伯纳黛特杜班雷教堂 ｜法国，讷韦尔

这座小教堂主体空间如岩洞一般，架空于一层的教室和附属用房之上。从外部看来，本案似是现浇板片形混凝土整体结构；而在剖面中，由13根平行结构框架支撑的薄壳混凝土结构才真正显露。主殿悬挑于中央结构基座之外，经由位于中心的阶梯拾级而上才能进入这座空中的殿堂。楼板向上或向下倾斜，以不同角度朝向祭坛。这是克劳德·巴夯与保罗·维利里奥"倾斜功能"（La fonction oblique）风格为数不多的建成作品之一，作为对现代主义风格正交平、立面的批

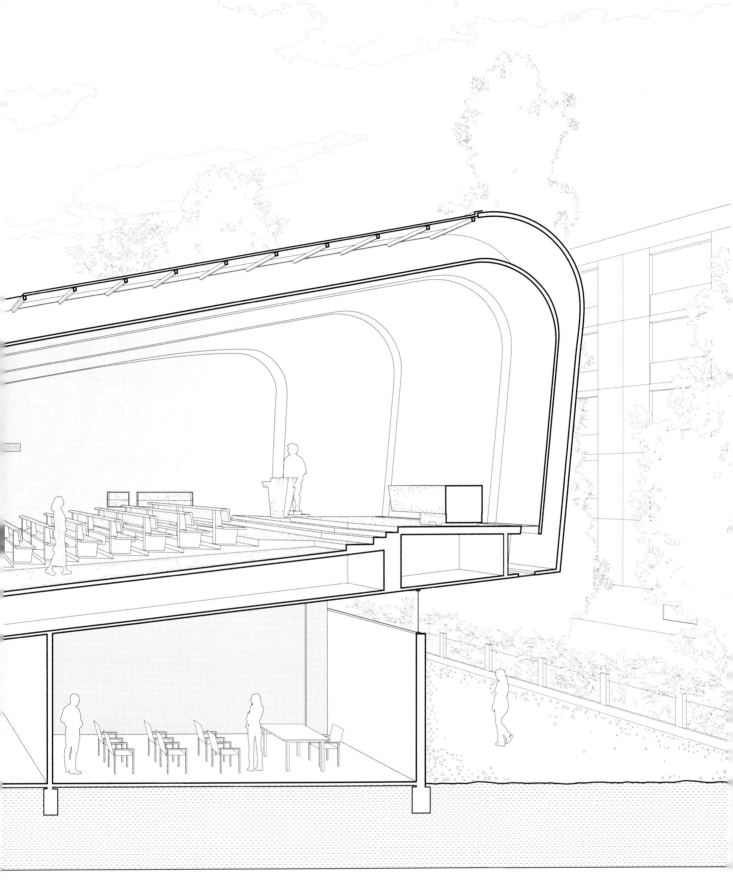

克劳德·巴夯和保罗·维利里奥 | 1966年

判，本案旨在唤起基于倾斜表面的未来建筑功能组织。方案深受维利里奥在二战地堡中考古工作的影响，由两个凸出的倾斜体量相互咬合，平面上相互偏移，交点是教堂主体空间中与房间等宽的中央天窗。光线自天窗倾泻而下，信徒攀登阶梯进入主殿，地面向两个方向倾斜，这些特点都颠覆了西方教堂的剖面组织惯例。

变形

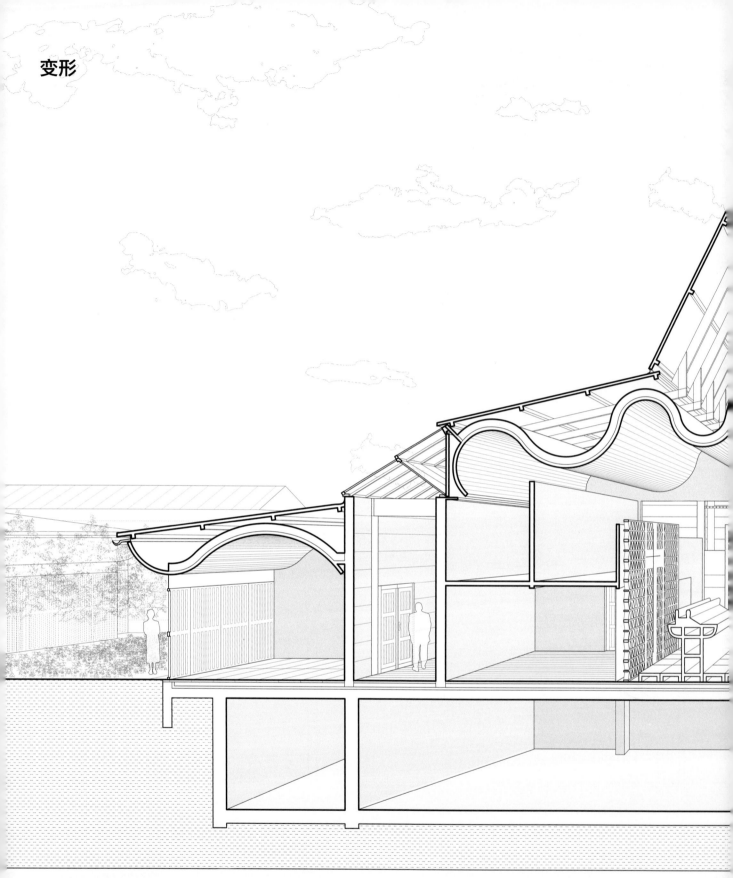

巴格斯韦德教堂 ｜ 丹麦，哥本哈根

巴格斯韦德教堂平面呈矩形，礼拜堂是由众多房间与庭院围合出的中央空间，走廊环绕建筑四周连通内外。自然采光主要通过顶部两块面积最大的翻卷式天花交接处的天窗，以及走廊的玻璃顶棚实现。天花板在入口处高度最低，使教徒产生压抑感，在祭坛上部空间高耸，将教徒的视线从圣器收藏室移开，引向更高处。层层弧面相连有如云卷云舒，构成天

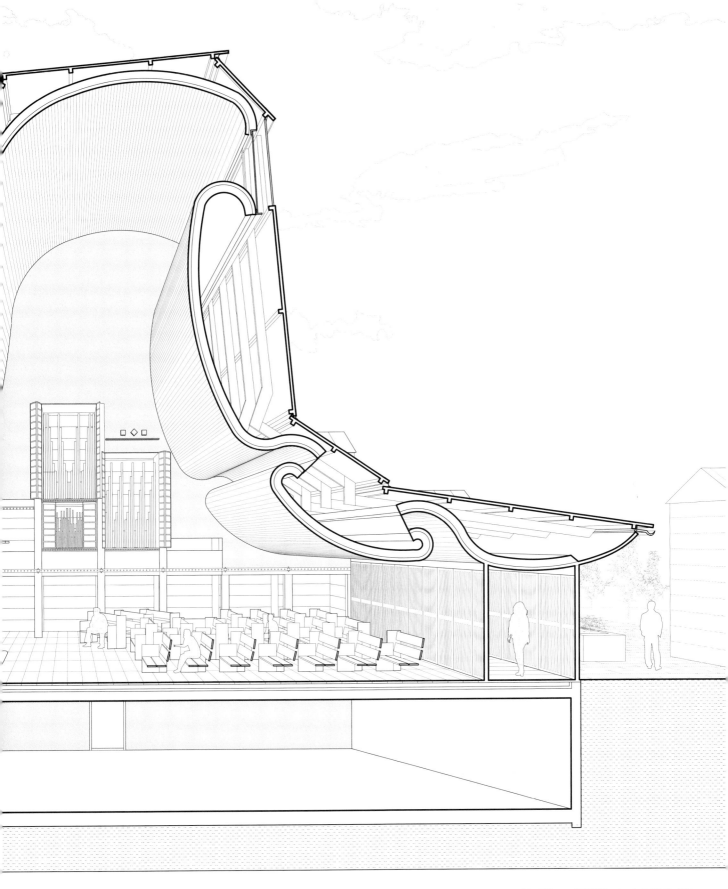

约恩·伍重 │ 1976年

花板的剖面几何形式。天花板采用薄壳混凝土板片，在两个走廊之间跨度达19.4米，支撑外部的金属屋面。天花与屋顶的结构关系反转了一般建筑的层次结构，在此，外部结构由内部表面支撑。在该变形式剖面中，室内的体积空间与外部的规整体量形成了强烈对比。

海洋冲浪博物馆 | 法国，比亚里茨

博物馆坐落于法国比亚里茨海边，建筑从其周围景观中汲取了建筑主题与设计手法。厚度为80厘米的空心混凝土凹面从场地中缓缓抬升，定义公共属性的屋顶广场，同时塑造下方的博物馆顶面。室外广场以卵石和草坪铺装，其上嵌有两个

玻璃体量，内部容纳餐厅与报亭，为冲浪者服务；玻璃体量与室外滑板池相结合，使广场充满活力。当游客步入广场凸起表面的下方，便进入二层通高的大型展厅，由服务区、办公室和报告厅组成。屋顶的单一形式与倾斜表面形成空间对

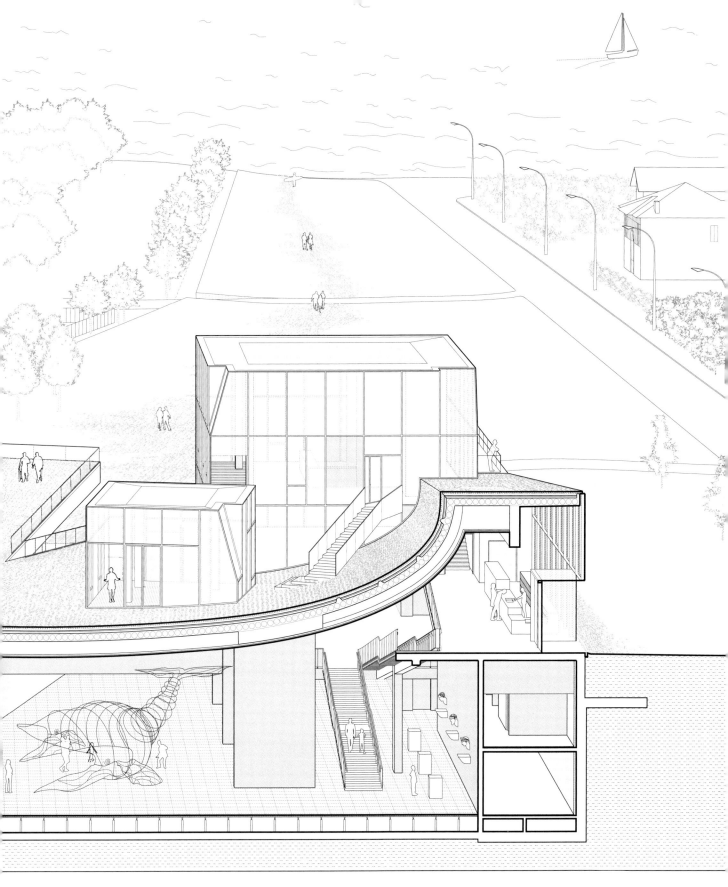

斯蒂文·霍尔建筑事务所 | 2011年

比：一上，一下；一外，一内；一个向四周舒展，向天空开敞，另一个则掩藏在屋顶之下。建筑外表面呈现其自身形式的双重性：在远离海洋的一侧，广场弯曲的剖面形成限定的边界；在向海一侧，倾斜的表面却自然地融入周边地形。作为公共性的花园与路径，铺满卵石与草坪的广场向海洋展开怀抱，强化该混合型剖面设计的动感。

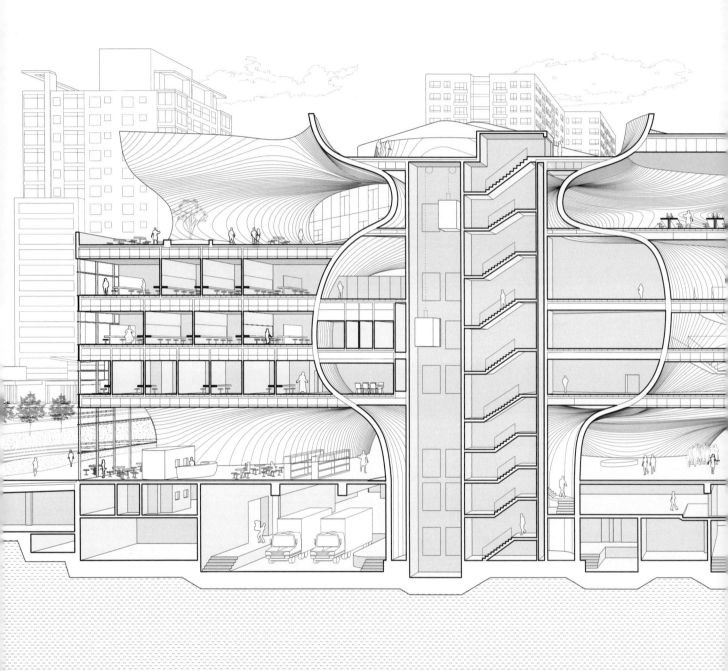

台中大都会歌剧院 │ 中国台湾，台中市

该歌剧院由2000座的歌剧厅、800座的剧场和200座的黑盒子剧院组成，通过连续的拓扑网格相互连接，运用三维曲线形式消除水平和垂直表面的区分与界限。方案由58个悬索曲面构成，在钢桁架壁上运用喷射混凝土，使复杂形式合理化；限定空间的主要结构仅在切点处是水平的。层叠式水平楼板嵌套于曲面中，内部活动在此组织。因此，弯曲表面形

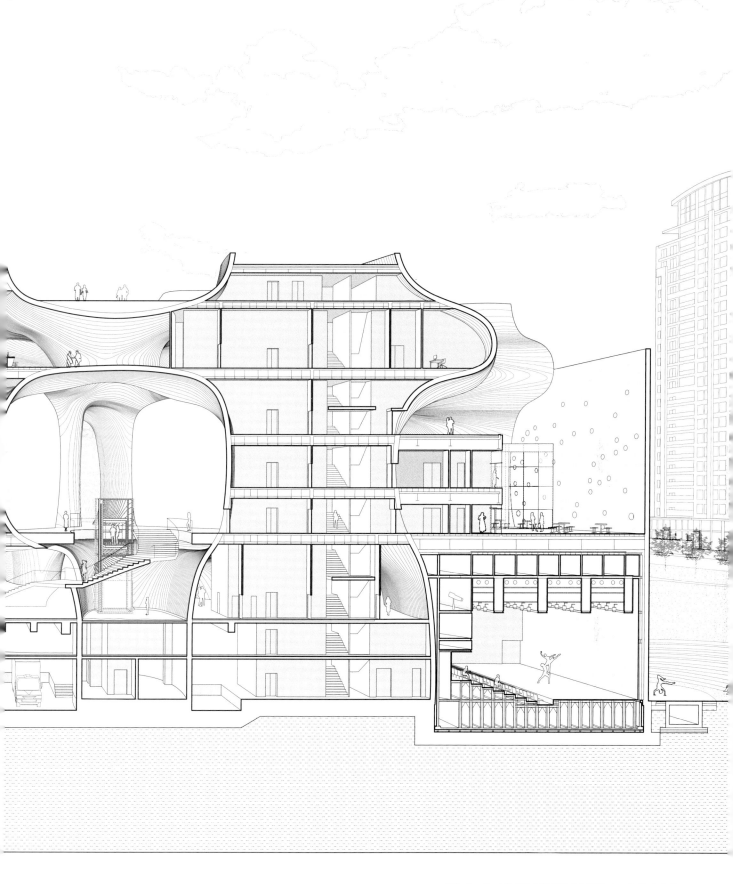

成的变形式剖面被视为墙壁、天花板，或作为交通空间与中庭界面，但很少用作楼板。外墙呈现为建筑图解中的切片。该混合式剖面约30.5厘米厚的结构曲面，或由幕墙或多孔喷射混凝土进行填充，或是保持开敞，使变形体量成为室外的灰空间。

切削

切削型剖面通过在拉伸型或层叠型剖面中引入与剖面方向水平或垂直的"裂缝"与"切口"形成，能对日光、热量或声音的传播产生十分有效的影响，同时不会减弱原有类型所基于的重复性建构的高效性。

海军上将街13号 亨利·索维奇
13 Rue des Amiraux Henri Sauvage

流水别墅 弗兰克·劳埃德·赖特
Fallingwater Frank Lloyd Wright

荷兰声光研究所 诺特林·里丁克建筑事务所
Netherlands Institute for Sound and Vision
Neutelings Riedijk Architects

山形住宅 BIG建筑事务所，JDS建筑事务所
The Mountain Dwellings
BIG-Bjarke Ingels Group / JDS Architects

巴纳德学院戴安娜中心 韦斯/曼弗雷迪建筑事务所
Barnard College Diana Center Weiss/Manfredi

阿波罗学校——威廉姆斯帕克学校 赫尔曼·赫茨伯格
Apollo Schools-Willemspark School
Herman Hertzberger

戈拉诺夫创意艺术中心
迪勒·斯科菲迪奥 + 伦弗罗建筑事务所
Granoff Center for the Creative Arts
Diller Scofidio + Renfro

切削 + 穿孔

海军上将街13号 | 法国，巴黎

该方案为社会住房项目，占据其所在城市街区的三个沿街面，共有九层，其中七层设置78间公寓，顶部两层为集体项目或公用事业所用。设计师采用的水平切削方式是当时的创新之举。每层退进1米，创造性地提供室外阳台空间，并保证公寓的自然采光。每间公寓均有三到四个房间，所有房间沿建筑外围布置。建筑为混凝土结构，瓷砖饰面；金字塔形的外观使光线与气流能够在建筑内部与周边街区中自由渗透与流通。被切削区域的中心是带有更衣室的游泳池，其下分布

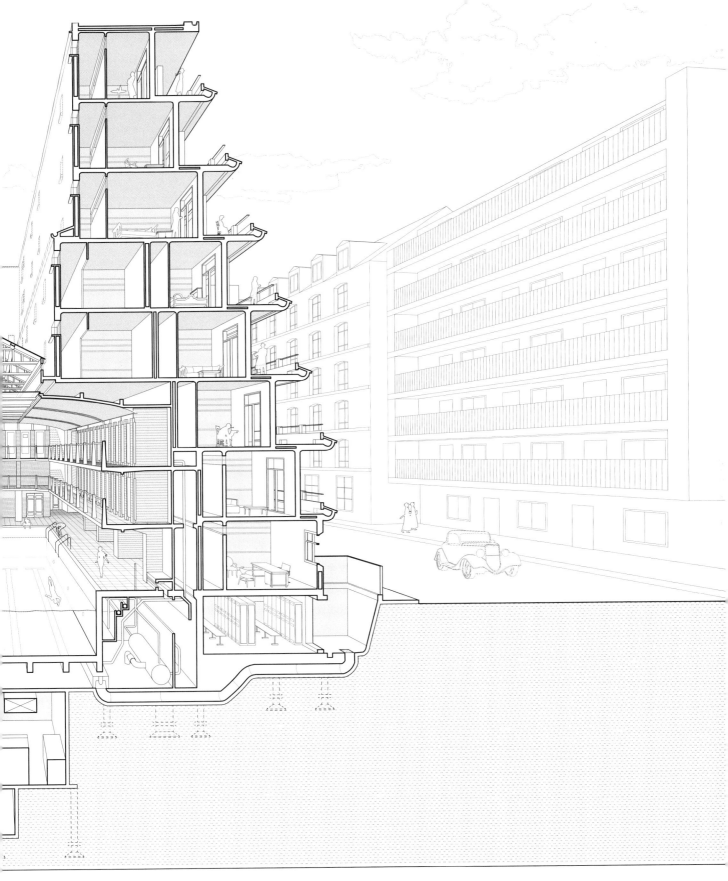

亨利·索维奇 | 1930年

供热与通风装置。游泳池顶部为中央天窗，公寓的小储藏室位于其下两侧。该建筑物成为了日后许多衍生方案的模板。

在该类型中，住宅或其他独立单元通常位于建筑侧翼的上层，无需自然采光的集体性社会活动则通常安排在侧翼与地面之间的空间中。

切削

流水别墅 | 美国，宾夕法尼亚州，熊溪山谷

流水别墅是弗兰克·劳埃德·赖特在宾夕法尼亚乡村的著名度假别墅设计。建筑四周有一条车道，由一座小桥与外界连接，区分场地与山体区。建筑内部为三层，一层为主要的开放式起居空间，二、三层为休息空间。混凝土基础嵌入场地

原有的岩石之内。建筑通过覆有片状岩石的承重墙锚固到基础上。混凝土井式梁板悬挑5.5米，漂浮于溪流之上。巨大的矩形石墩从楼板中升起，作为起居室的壁炉。层高在室内外有所区分，有些仅为1.9米。与那些对水平方向进行切削的典

弗兰克·劳埃德·赖特 | 1939年

型案例不同，悬挑平台不是由一层平面复制而成，而是向三个方向伸展，长宽各异。对各方向悬挑平台梁板结构的精密计算保证了空间变化的效果。在该切削型剖面中，悬挑平台在视觉、声学和形式上将室外景观纳入室内空间，并将建筑的物质性嵌入其中，与场地层叠的岩石肌理相呼应。

切削＋穿孔

荷兰声光研究所 | 荷兰，希尔弗瑟姆市

该方案的矩形体量内包含荷兰广播电视台的研究机构与国家档案室。由于限高25米，该建筑的众多办公室与器材室分布在13层的空间内，五层位于地下，顶部的三层展览空间悬浮

于中庭之内。光从天窗和彩色玻璃幕墙中渗入，透过中庭，洒在地下档案馆的页岩墙面上。入口位于一层，中庭空间向下延伸至阶梯式的"峡谷"，三座连桥穿越其中；向上延伸

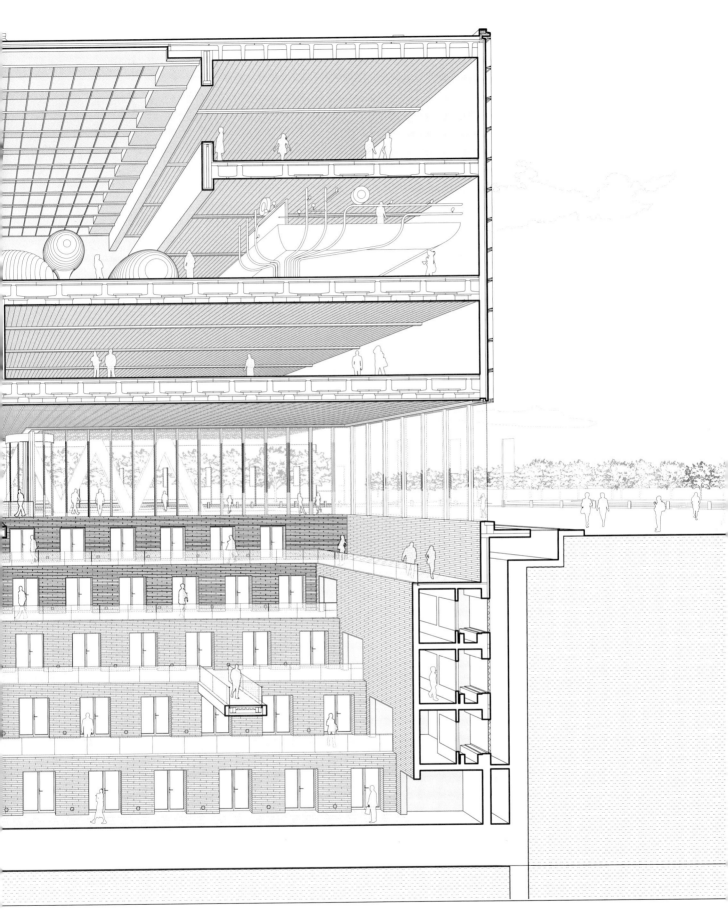

至展览层一侧的吹拔空间，形似"庙塔"。空间的上升下沉在垂直维度上切削建筑体量，扭转内部空间。在本案中，切削型剖面对中庭形式的塑造作用显著，而被切削楼层的室内空间则并未表现出许多特异之处。中庭空间仿佛被雕刻的虚体，矛盾地强调着三个体量之间的组织划分，同时融入切削型剖面，形成清晰的整体。

切削+倾斜

山形住宅 | 丹麦，哥本哈根

山形住宅是一座建在停车场上方的公寓楼。公寓入口位于停车库一侧，倾斜的电梯将停车位与每层住宅外廊相连。每间公寓均拥有L形的大型庭院，设计师着意设计了一系列内置花盆，形成视线的隔离，为居住者提供一定的私密性。北立面与西立面覆有通风穿孔铝板，表面绘有珠穆朗玛峰的形象。长期以来，停车空间一直位于水平切

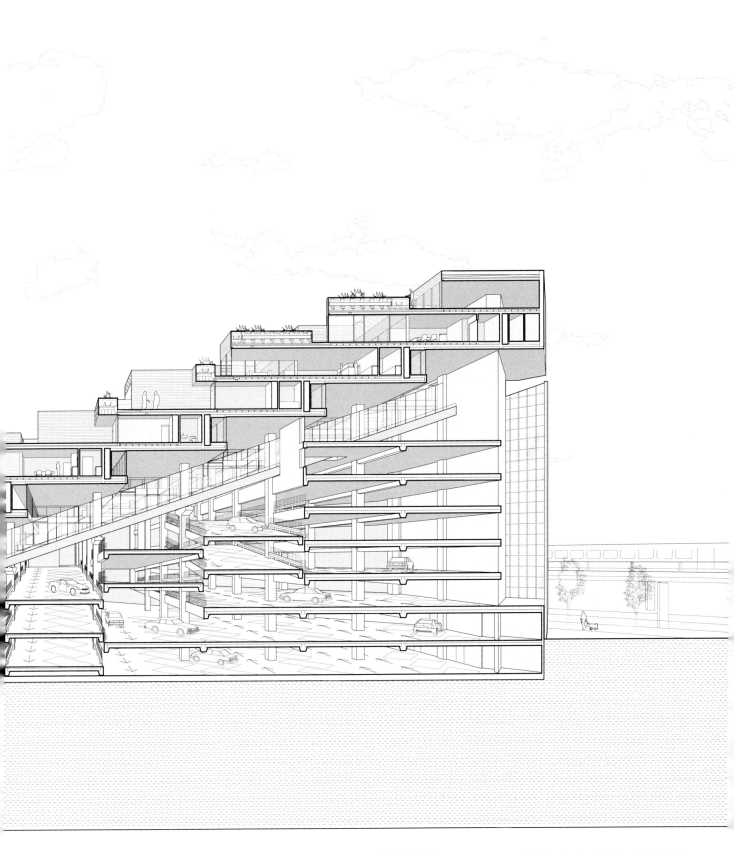

BIG建筑事务所，JDS建筑事务所 ｜ 2008年

削型剖面的建筑下层，而该项目大胆创新，利用25度的倾角，容纳480个停车位——远远超出其80个公寓所需的数量（该建筑最初计划作为停车楼使用）。水平性的切削使多层建筑的庭院空间沐浴在阳光下。

巴纳德学院戴安娜中心 | 美国，纽约州，纽约市

艺术中心与百老汇平行，其中包括教室、餐厅、工作室、办公室、咖啡馆、陈列画廊、黑箱剧院和一间500座的圆形演出空间。四组两层通高的中庭空间沿对角线方向排列，以

连续的中空空间构成建筑的视觉焦点。中庭位于东立面，面向百老汇，外表为定制的烧结玻璃板。出于隔声与防火的考虑，四个中庭以透明玻璃隔开，各自承载独特的社会活动，

同时将室内空间与室外景观、艺术中心和校园草坪联系在一起。被水平切削的倾斜中庭一侧，是建筑内面积最大的圆形报告厅，供学术活动使用。在建筑西侧，垂直交通延伸至玻璃体量中，悬浮在建筑物外部。本剖面结合了穿孔型剖面形成空间光学效应，并与水平切削型剖面融为一体。

切削+穿孔

阿波罗学校——威廉姆斯帕克学校 | 荷兰，阿姆斯特丹

阿波罗学校由两所学校共同组成，一是威廉姆斯帕克学校，一是蒙特梭利学校（Montessori School）。本剖面截取的是威廉姆斯帕克学校东侧朝向蒙特梭利学校的一侧。两所学校均使用切削型剖面，并采用相同的空间图解，与中庭通过阶梯与四角的教室连接。大台阶代替普通楼梯实现空间切削的效果，使空间可用于坐席，成为聚会场所。本案有别于典

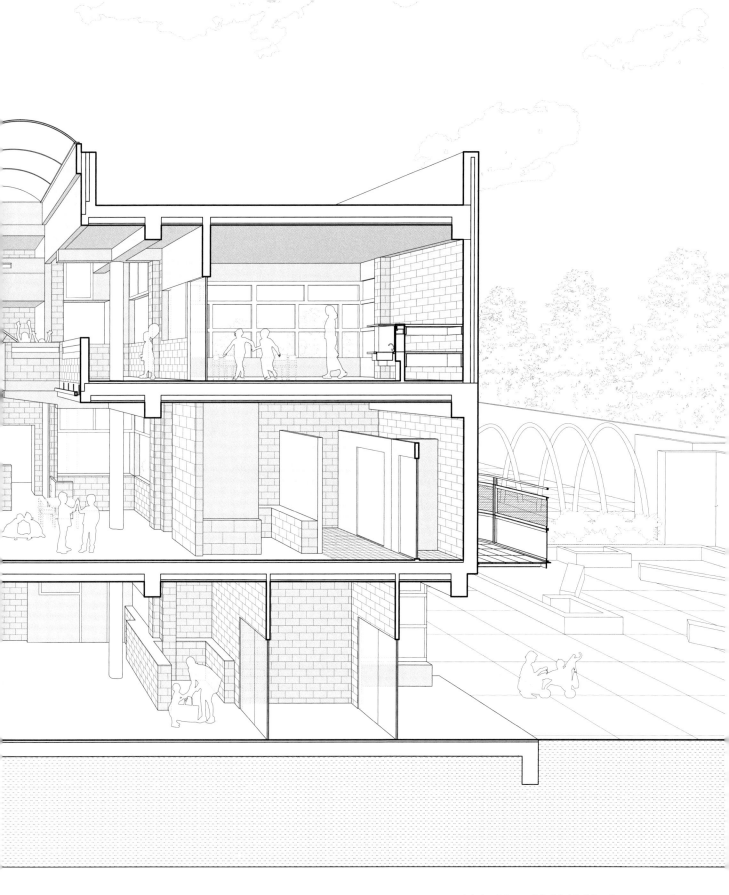

赫尔曼·赫茨伯格 | **1983年**

型的学校剖面，摒弃了"教室以走廊串联，礼堂为学校中心"的形式，将中庭用于即兴表演与日常活动。圆形天窗将自然光引入中庭，弱化了墙体的坚硬感（该墙壁质感有助于儿童集中精力）。切削型剖面创造了楼层之间的视线沟通，每间教室却又通过遮挡来自核心空间的斜向视线，为学生保留足够的私密性。

切削

戈拉诺夫创意艺术中心 │ 美国，罗德岛，普罗维登斯

创意艺术中心体现出清晰的垂直切削逻辑，南侧是独立的大厅、电子产品商店、录音室和制作工作室，北侧是画廊、木工店、多媒体室和另一间制作工作室。地面层的走廊与一般

休息室同宽，位于演奏厅和画廊之间，在此可以看到建筑物的多个楼层。天花板上的机械系统大多暴露在外，现浇混凝土地板横跨东西向，平行于25.4厘米宽的双层玻璃隔墙，使

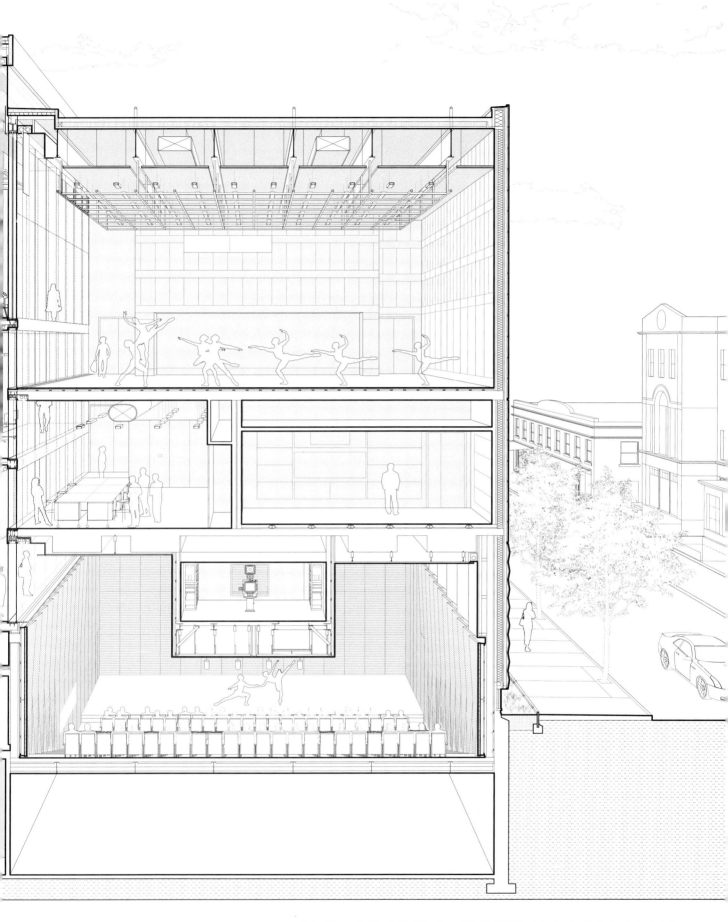

迪勒·斯科菲迪奥+伦弗罗建筑事务所｜2011年

玻璃不受错层的屋顶与柱子的影响。玻璃隔墙避免了活动所产生的噪声干扰，同时增强视线的联系，促进各种学科、各类活动的沟通。伸缩式百叶窗位于玻璃板之间，控制光线从而保证私密性。由于垂直切削会产生交通系统的不连续性，设计师在建筑后部设计了大型楼梯，将该剖面的多个层次加以集成，并作为休息平台使用。

穿孔

穿孔是一种有效且常用的剖面手法，孔洞尺度与数量各异，从上下层之间小型的单个开口到整栋建筑内大型的多个中庭均可适用。它能在剖面中激活楼层中的失落空间。穿孔型剖面是营造垂直维度空间效果的空间策略之一。

拉金大厦 弗兰克·劳埃德·赖特
Larkin Building Frank Lloyd Wright

维森霍夫独立住宅 勒·柯布西耶
Single House at Weissenhofsiedlung
Le Corbusier

福特基金会总部
凯文·罗奇和约翰·丁克洛建筑事务所
Ford Foundation Headquarters
Kevin Roche John Dinkeloo and Associates

菲利普斯埃克塞特中学图书馆 路易斯·康
Phillips Exeter Academy Library
Louis I. Kahn

纽约马奎斯万豪酒店 约翰·波特曼建筑事务所
New York Marriott Marquis
John Portman & Associates

仙台媒体中心 伊东丰雄建筑事务所
Sendai Mediatheque
Toyo Ito & Associates

纽约库伯广场41号 摩弗西斯建筑事务所
41 Cooper Square Morphosis

穿孔+层叠

拉金大厦 | 美国，纽约州，布法罗市

拉金公司是一家生产肥皂的企业，该总部的开放办公空间占据地上四层，地下层用于停车与档案存放，顶层则设置餐厅、厨房与温室。从建筑物的东侧（见图右侧）进入尺寸为7.7米宽、34.1米长、23.2米高的中庭。中庭由双层玻璃天窗覆盖，使开放办公空间在层高高达4.9米的同时实现自然采光。建筑结构为钢框架与钢筋混凝土楼板。办公空

间四周布置文件柜，双层玻璃天窗则位于视线上方。文件柜遮挡了员工看向外界的视线，将目光集中于内部中庭。空调分布在中庭的空心护栏中，调节内部环境，使员工免受周边工业污染的影响。建筑的四角设有与垂直管井相结合的楼梯，将空气吸入机械系统。中庭尺度适宜，调节光线与热量，并营造建筑的开放性，有助于员工投入地工作。

穿孔+层叠

维森霍夫独立住宅 | 德国，斯图加特

这座独立住宅是勒·柯布西耶为一户中产阶级家庭设计的独立住宅，在1927年的白院聚落住宅展览会上展出；作为早期雪铁龙形式（Citrohan box）的居住单元原型，该住宅在剖面中心挖出双层通高的中庭，起居空间环绕中庭组织。建筑师在该方案中践行"新建筑五点"原则，建筑由两排混凝土柱撑起，一排五根，每根柱子间隔2.5米。一层柱子暴露在外，底层架空（Politis）。在上层，一排立柱结合外墙，一排立柱支撑楼梯。三层布置父母卧室、女儿卧室与浴室，并

勒·柯布西耶｜1927年

被斜向切开，形成有角度的露台，使其作为夹层俯瞰下方的双层通高起居室。玻璃幕墙由独立的两层可开启窗组成，创造双层表皮，便于热量交换与温室种植。顶层包括室外露台与嵌套的几间卧室，露台设有带形窗洞。卧室之间的分隔兼作储物柜，放置床品与床单。在这个"机器时代"的原型式住宅中，建筑师运用穿孔型剖面组织了现代家庭生活。

穿孔+层叠+切削

福特基金会总部 | 美国，纽约州，纽约市

以内部花园为特点，福特基金会总部建筑核心区域的玻璃中庭在个人隐私和集体办公之间取得了平衡。由于福特基金会所需的空间远小于可建面积，建筑师将多余的空间转变为公众设施。54.6米高的中庭不对称地占据建筑物的东南角，在视觉上与办公室相连，同时将斜向东侧的河流景色纳入使用者视野。钢梁跨度25.6米，支撑共有十层的

凯文·罗奇和约翰·丁克洛建筑事务所 | 1968年

南侧、东侧玻璃幕墙体系，与外界公众共享花园景观，亦实现了花园自然采光。银行办公室以玻璃窗封闭，温和的花房空气在北部与西侧的中庭内流通。建筑以天窗覆盖，顶层容纳行政套房与集体餐厅；该方案为典型的穿孔型剖面。

穿孔+层叠

菲利普斯埃克塞特中学图书馆 | 美国，新罕布什尔州，埃克塞特

这座图书馆建筑的核心是21.3米高的中庭，四面由混凝土结构围合。中庭作为中央的孔洞，顶部由天窗覆盖，由巨大的4.9米高的混凝土框架支撑，表面覆以木材。天窗将光线引入平面尺寸33.8米×33.8米的方形图书馆内部，为交通空间与阅读空间提供自然采光。从中庭界面的多层圆形孔洞向外望，可以看到每层木饰面的阳台与阳台之后的层状空间，视线一直延伸到建筑物的外边界。在建筑外围，210个嵌入式私人隔间将木制家具与外部砖表皮结合，形成复合型的墙

路易斯·康 | 1972年

体剖面，材料提示内部功能。混凝土楼板系统集成了照明装置、机械系统、阳台和楼梯，同时可承受相当大的结构荷载。虽然该建筑建成于20世纪，但当人沿着周边回廊漫游时，一道道砖墩营造类似城堡锯齿形砖垛的效果，让人仿佛置身于中世纪的图书馆空间里。

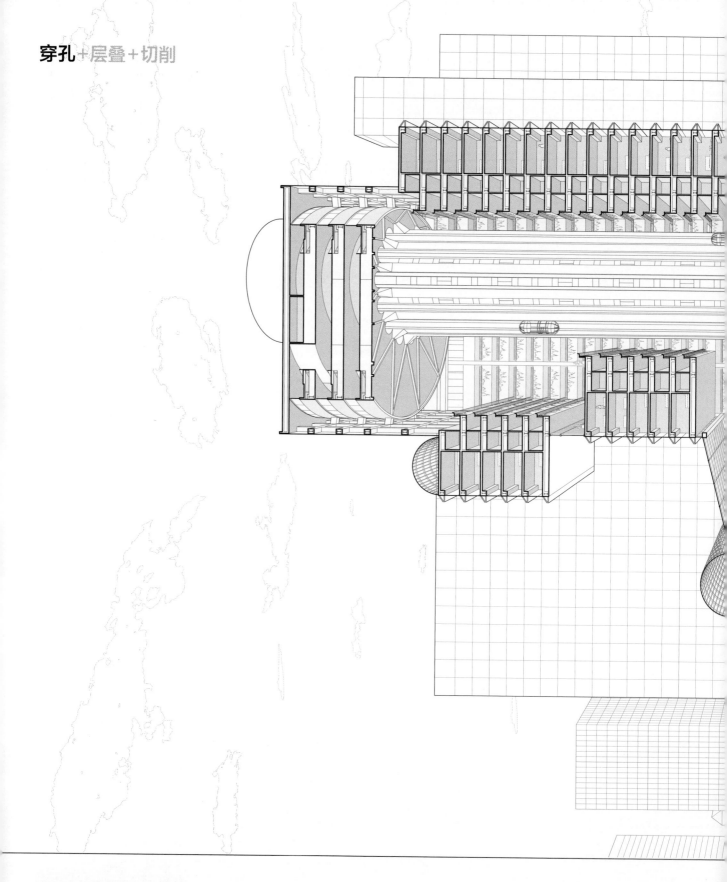

纽约马奎斯万豪酒店 | 美国，纽约州，纽约市

马奎斯万豪酒店是约翰·波特曼设计的众多拥有超大尺度内部中庭的酒店之一。这座建筑主要由南北两侧的垂直条形体量支撑，为钢框架预制混凝土板结构。西侧的条形连接着水平体量，几组五层楼高的层状空间在东立面错位布置，朝向时代广场。1876间客房环绕143.3米高的中庭。由开放走廊和垂吊植物形成的重复性条带使中庭更加令人目眩。中庭

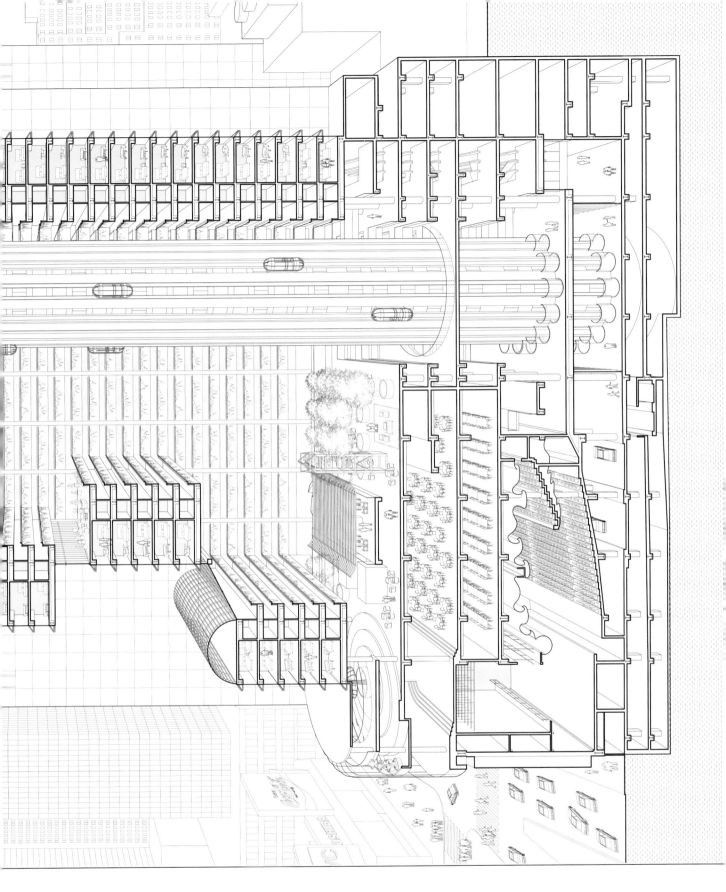

约翰·波特曼建筑事务所 | 1985年

内，12组玻璃电梯轿厢沿中央混凝土轴移动，向上可达顶部三层的旋转餐厅与休息室，向下连接包含宴会厅、1500座的百老汇剧院与许多会议室的建筑基座空间。在酒店的入口处，一条内部街道通向自动扶梯，上升八层，直达位于中庭底部2787平方米的天空游廊。在该穿孔型剖面中，设计师运用内部的壮观景象，将时代广场的熙攘景象隔离在外。

穿孔+层叠

仙台媒体中心 | 日本，仙台

在仙台媒体中心建筑中，结构柱刺穿楼面，产生穿孔型剖面。13个由垂直钢格栅组成的管状物容纳水电管道，使空气、光线在建筑的八层空间内自由流通，并承担垂直交通。

管状物在每层高度上现场建造并组装，与嵌入每层楼板的钢环相连。楼板厚40厘米，类似蜂窝状的平面结构使其能够跨越不规则的管状物，使楼板在被管状物切削的同时由其支

撑。管状物的格栅结构轻质而坚固，使视线在楼层内保持畅通，甚至能向下望见楼板的层叠关系。出于防烟与防火的要求，管状物采用玻璃饰面。建筑每层的功能具有自主性，包括画廊、图书室、工作室、电影院、办公室和公共会议室；在空间上，楼层由穿孔型剖面组织，同时作为整栋建筑的标志形象。

穿孔+层叠+变形

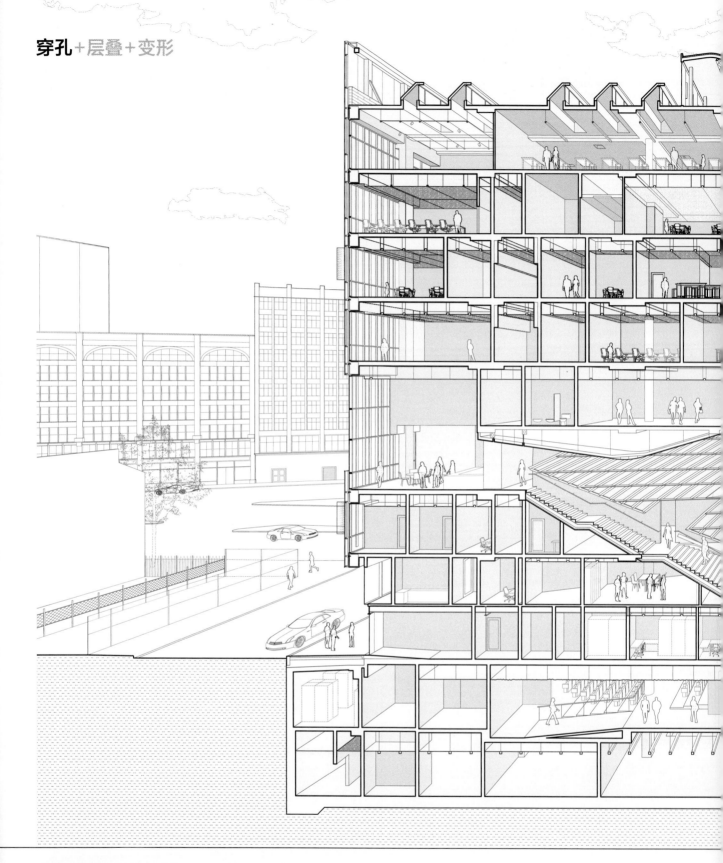

纽约库伯广场41号 | 美国，纽约州，纽约市

库伯广场41号建筑是库伯联盟学院（Cooper Union）的教学与实验楼，层状空间的中心嵌套复杂多变的中庭空间。建筑基本采用传统钢网格结构；地面层的混凝土阶梯将街道的流动感引入建筑内部，并使人们能够看到地下层的公共画廊和礼堂空间。混凝土阶梯之上是嵌入层状楼板之中的中庭空间，由教室、实验室和办公室环绕四周，直达建筑顶部。扭转的中庭创造通透视线，营造交流空间，容纳垂直交通，同时引入自然采光并增加空气流动。中庭结构为扭曲的钢管格

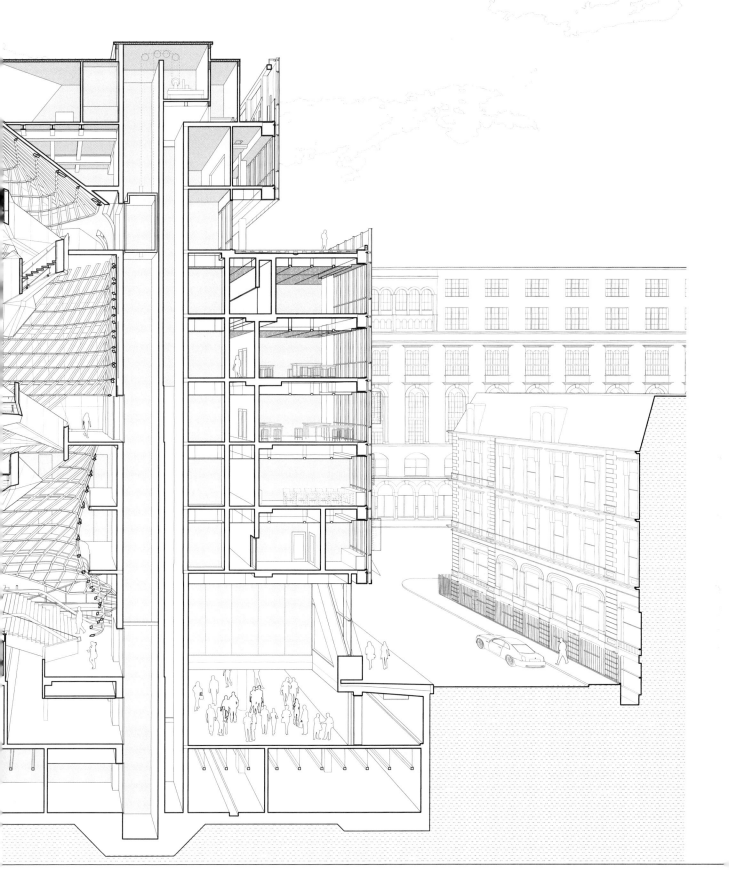

摩弗西斯建筑事务所 ｜ 2009年

栅，外覆玻璃纤维加固石膏层；作为建筑中的孔洞和嵌套的部分，下承混凝土阶梯，上接半透明背光楼梯，充满雕塑感。巨大的混凝土阶梯将人从入口引向四层的学生休息室，在双层通高的空间中尽享城市美景。阶梯是活动与集会的空间，既组织了变形的屋顶与楼层，又是中庭的扭曲与延伸。中庭与西面的穿孔不锈钢面板相交，将建筑与城市环境联系起来。

倾斜

倾斜型剖面是通过改变可用的平面角度，在保证水平活动基面的同时，将平面旋转为剖面的设计手法。与层叠型、切削型和穿孔型剖面不同，倾斜型剖面并非基于平面与剖面之间的显著区别而完成。在倾斜型剖面中，剖面不会损失平面的面积。

萨伏伊别墅 勒·柯布西耶
Villa Savoye Le Corbusier

V.C.莫里斯礼品店 弗兰克·劳埃德·赖特
V.C. Morris Gift Shop Frank Lloyd Wright

索罗门·古根海姆美术馆 弗兰克·劳埃德·赖特
The Solomon R. Guggenheim Museum
Frank Lloyd Wright

康索现代艺术中心 大都会建筑事务所
Kunsthal OMA

林肯路1111号停车楼 赫尔佐格与德梅隆建筑事务所
1111 Lincoln Road Herzog & de Meuron

莫西加德博物馆 亨宁·拉森建筑事务所
Moesgaard Museum Henning Larsen Architects

倾斜＋**穿孔**＋**层叠**

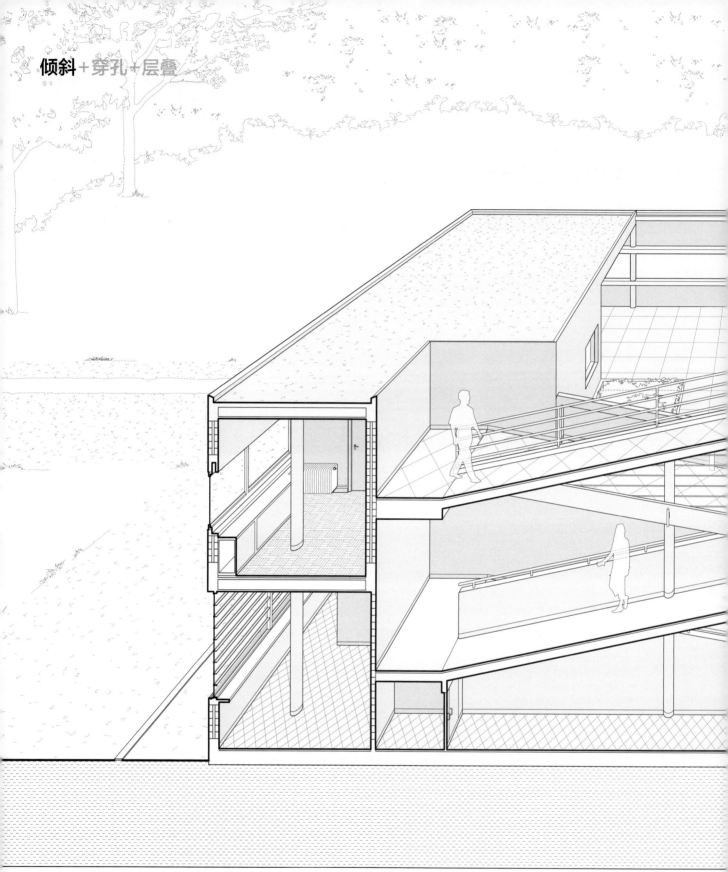

萨伏伊别墅 ｜ 法国，普瓦西

勒·柯布西耶的萨伏伊别墅是建筑史上"漫步式建筑"（Promenade architecturale）的开山之作。中央坡道组织别墅的交通系统：与正门轴线平齐，它提供了连续可行走的表面，将地面层、主楼层的屋顶花园与阳光房联系在一起。剖面的连续性与平面的不连续性相伴相生。1.25米宽的坡道将平面划分为每侧各9.75米宽的不连续空间。坡道打断规律

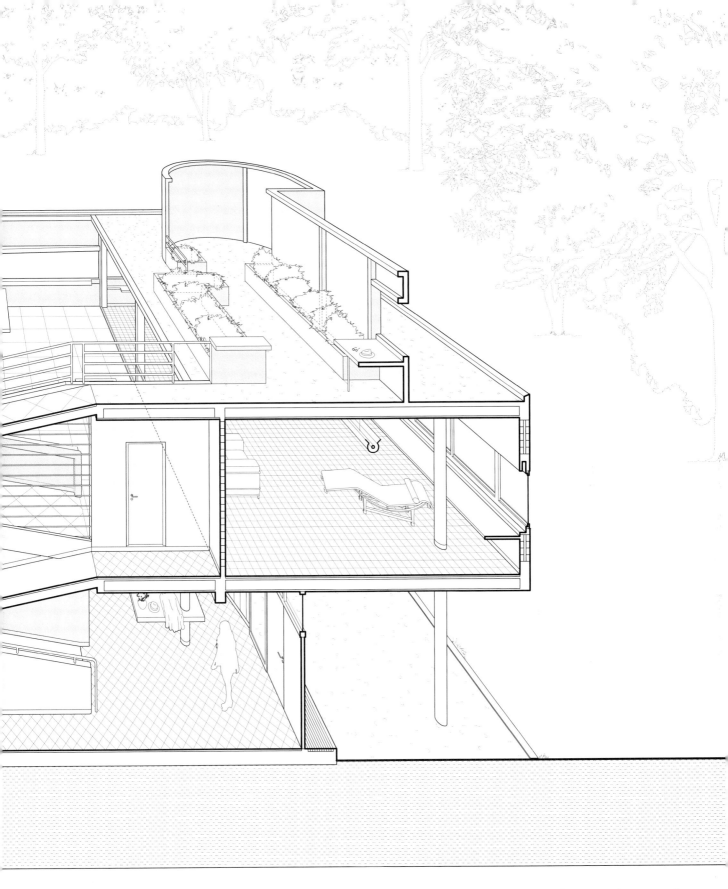

勒·柯布西耶｜1931年

的柱网体系，纵切于别墅中心，区分内部与外部。玻璃墙嵌于坡道之中，将阳光引入坡道，使矩形平面中心拥有自然采光。建筑主体为梁板结构，现浇混凝土坡道与陶粒混凝土楼板并置。根据当今的评价标准，该倾斜型剖面的坡道不仅仅是室内交通的组织方式，更是建筑概念、行为组织、空间关系的触发媒介。

V.C.莫里斯礼品店 | 美国，加利福尼亚州，旧金山

V.C.莫里斯礼品店是弗兰克·劳埃德·赖特对十年后古根海姆博物馆设计的初期尝试，该建筑建立在原有的商业建筑中。剖面有许多信息可供阅读：拱形入口、内部坡道、弯曲的一层天花板、分区的二层空间以及原有天窗下方漫射阳光的亚克力板建造的屋顶。该方案以坡道设计为核心。1.2米宽的环状坡道朝向半人高玻璃墙围合的前厅空间，泡泡形天花

弗兰克·劳埃德·赖特｜1949年

板悬于原有天窗下方，掩饰坡道与天窗的不对位关系。坡道作为引人注意的对象，将购物者引导至二楼的主要零售区。坡道四周的墙上开小孔，展示待售商品，为交通空间赋予视

觉体验。坡道使一层与二层形成连续空间，同时隔离后部的购物空间，使一层空间被分隔。该倾斜型剖面仿佛是嵌入已有建筑的华丽购物舞台，是"建筑中的建筑"。

索罗门·古根海姆美术馆 │ 美国，纽约州，纽约市

古根海姆美术馆的主画廊是其建筑的主要特征，亦是倾斜型剖面的典型实例。坡度为3%，长度超过400米，随着高度的上升，连续坡道的直径逐渐增大，使内部中庭呈锥形，建筑外观则为倒锥形。中庭高28米，顶部由混凝土梁支撑的天窗覆盖；展厅外围设内凹天窗，为展出的名画提供背光，创造展品的漂浮感。逐渐退进的混凝土阳台和整体吊顶将供气管道隐含其中。斜面和水平楼板之间的主要受力点位于建筑底部，赖特将坡道向上折叠，以形成建筑的基座。位于室外

弗兰克·劳埃德·赖特 | 1959年

的、可供车辆出入的庭院将主展厅与办公区域隔开。虽然办公区域回应了主展厅的环形平面，但倾斜型剖面只在主展厅中呈现，办公区域的联系通过交通核完成，仅有一小型中庭提供有限的视线联系。在主展厅内，大型中庭的视线连续强化了倾斜型剖面的空间连续性。

倾斜+切削+层叠

康索现代艺术中心 ｜ 荷兰，鹿特丹

箱形体量的康索现代艺术中心位于高差变化显著的城市场地中，高差将场地流线一分为二。倾斜的人行道弥合了城市高差，在建筑中心切削出垂直的斜向通路，一条车行道从其下方穿越。入口位置出人意料，位于倾斜的外部通路与内部报告厅的接合处。倾斜楼板的交错逐渐削弱了上下层之间的区分。建筑呈现为连续环路，强调将场地一分为二后两侧的差

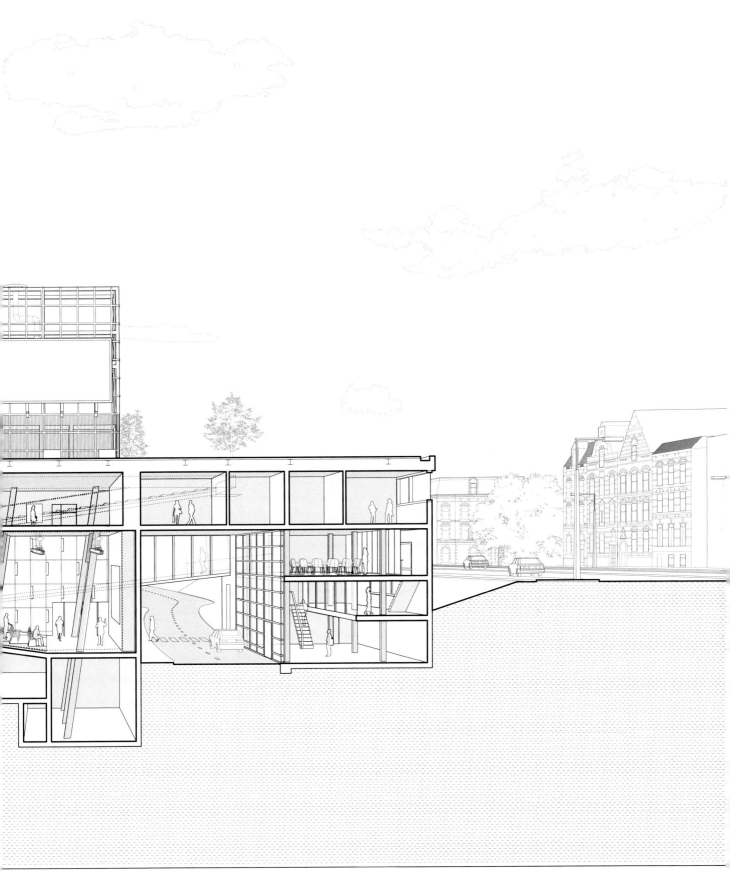

大都会建筑事务所 | 1992年

异性。该连续环路的倾斜表面在报告厅入口处下沉至地面层大厅，又以坡道形式连接至二层展厅；在报告厅的后部，继续拉长流线，到达三层大厅；三层大厅以框景手法呈现高差所带来的景致。剖面的倾斜表面导致平面的不连续性，同时创造连续环路中建筑组织和体量变化的冲突与妥协。

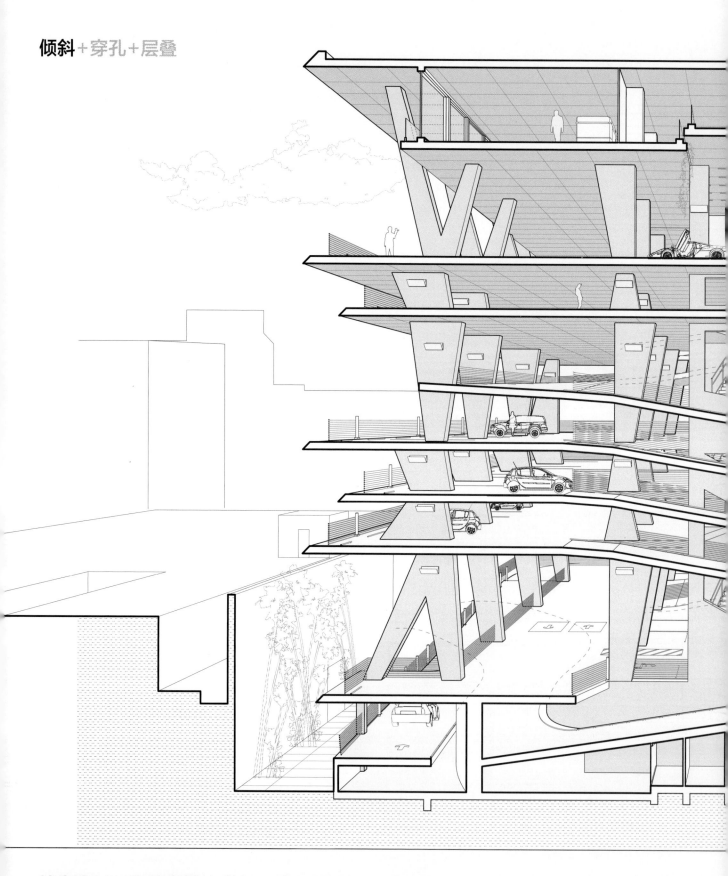

倾斜+穿孔+层叠

林肯路1111号停车楼 | 美国，佛罗里达州，迈阿密

林肯路1111号停车楼是典型的倾斜型剖面，它不仅是可容纳300辆汽车的停车库，更作为动态的开放市民空间，向温暖的迈阿密海滩展开怀抱。停车楼的前身是建于20世纪70年代的太阳信托银行国际中心（Sun Trust International Center），基于该银行大楼的改造为其注入居住服务功能，使该停车场更具标志性。连续坡道衔接不同楼层，保证车辆平稳行驶。与典型的停车楼不同，林肯路1111号停车楼的楼板交错排列，在满足停车需求的同时创造二至三层的通高空间，为临时活

赫尔佐格与德梅隆建筑事务所 | 2010年

动提供场所，例如摄影取景、瑜伽课程等。楔形楼板边缘设有水平金属杆护栏，减轻结构的体量感；V形柱进一步突出不同层高的变化。九种不同的层高，由2.4米至10.4米不等，或宽或窄地框取迈阿密市的壮阔远景。一层零售空间向外与五

层高的林肯路购物中心建立联系，向上激活雕塑感极强的楼梯空间；顶层设有餐饮空间与私人住宅，作为倾斜型剖面漫步体验的终点。

倾斜+穿孔+层叠

莫西加德博物馆 | 丹麦，奥尔胡斯

作为展示考古学与人种志的历史博物馆，该方案的设计手法可概括为嵌入与浮出：方案基地位于考古遗址区，建筑嵌入大地，又在另一端浮出。建筑体量仿佛人造山丘，当参观者

经由入口进入门厅时，会见到巨大的楼梯，直接将观者引入位于三层的展厅空间。倾斜10度且绿荫覆盖的屋顶是该建筑的突出特点，在一侧与地形缓缓相接。倾斜屋顶提供广阔

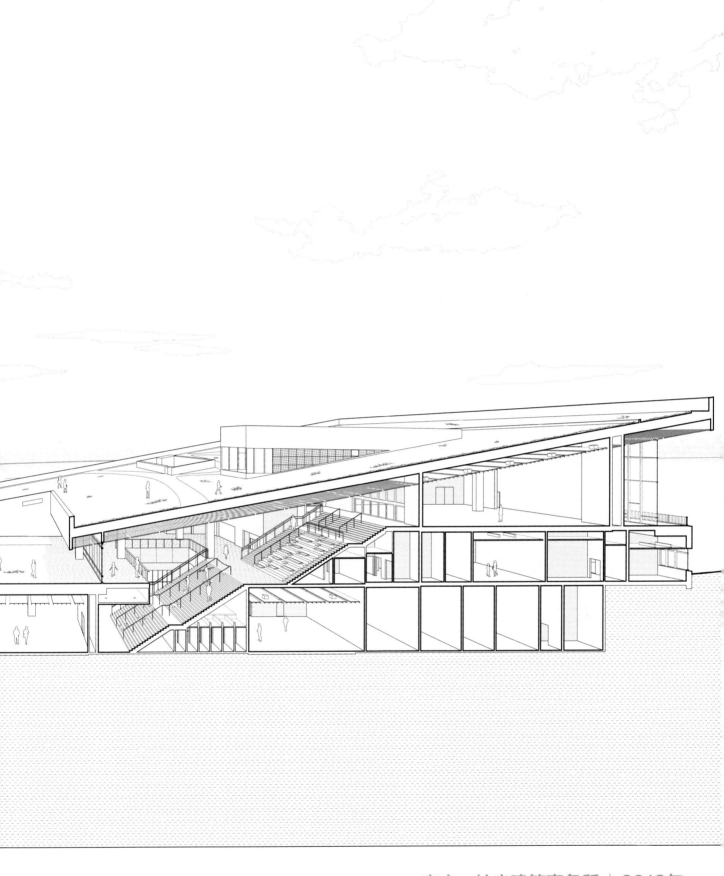

亨宁·拉森建筑事务所 ｜ 2013年

的全景视野，并为人们提供野餐或滑雪的场地。屋顶下方是建筑内部空间，天花板采用连续的木板条。该倾斜表面在底部向内凹进且坡度渐缓，使室内外转换更加顺畅，并引入光线。该建筑是对层状博物馆空间的水平切削，顶部覆以倾斜屋顶，并与内部空间相交。

嵌套

嵌套是将分散的体量相互组织或叠加的剖面手法。相比于层叠、切削、穿孔、倾斜主要针对水平层操作，嵌套是将三维体量以特定关系相结合，创造剖面效果。基于空间操作、结构手法与环境融合的嵌套式剖面通常能呈现出优于孤立体量操作的空间结果。

马勒别墅　阿道夫·路斯
Villa Moller　Adolf Loos

摩尔自宅　查尔斯·摩尔
Moore House　Charles Moore

贝尼克珍本与手稿图书馆
戈登·邦夏，来自SOM建筑事务所
Beinecke Rare Book and Manuscript Library
Gordon Bunshaft of Skidmore, Owings & Merrill

1967年世博会美国馆　巴克敏斯特·富勒与束基·萨达奥
United States Pavilion at Expo 1967
Buckminster Fuller and Shoji Sadao

N住宅　藤本壮介建筑事务所
House N　Sou Fujimoto Architects

塞尼山培训中心　乔达建筑事务所
Mont-Cenis Training Center
Jourda Architectes

普拉达青山旗舰店　赫尔佐格与德梅隆建筑事务所
Prada Aoyama　Herzog & de Meuron

埃弗纳尔文化中心　MVRDV建筑事务所
De Effenaar　MVRDV

坡里住宅　佩佐·冯·埃尔里奇豪森建筑事务所
Poli House　Pezo von Ellrichshausen

圣保罗教区综合体　福克萨斯建筑事务所
San Paolo Parish Complex　Studio Fuksas

拉科鲁尼亚艺术中心　阿塞博克斯阿隆索工作室
Center for the Arts in La Coruña
aceboXalonso Studio

嵌套+切削+层叠

马勒别墅 ｜ 奥地利，维也纳

阿道夫·路斯的住宅设计手法被归纳为"体积法"（Raumplan），它将房间集群布置，并相互错动；该建筑是嵌套式剖面的代表作之一。在该建筑中，房间并非仅靠平面确定位置，而是在空间中定位，以体积和剖面的形式组合进建筑之中；房间的灵活布置由木框架结构实现。房间一一连通，由外部承重墙支撑。马勒别墅包含餐厅、书房、工作室、音乐沙龙与五间卧室，入口与服务空间位于一层。如面具般，对称的正立面将内部序列与剖面的复杂性隐藏起来。

阿道夫·路斯 | 1928年

尽管只有四层高，马勒别墅却拥有八个层次的变化，呈现动态与静态、行走与观景之间的复杂序列关系。值得一提的是，餐厅与音乐沙龙被开放空间内的三级伸缩式台阶区分开，限定不同的活动区域。与该组房间垂直布置的是设有嵌入式长椅的房间，位于主入口之上，音乐室之下，并与音乐室存在一定的夹角，将人的视线引向外部庭园。旋转楼梯向上，与房间序列相结合，起承转合关系丰富了嵌套式剖面的空间表现力。

嵌套+**变形**

摩尔自宅 | 美国，加利福尼亚州，奥林达

查尔斯·摩尔在8.1米见方的紧凑空间内设计了自己的住宅，并嵌套了一系列独特的空间。两组锥形木制的漏斗形体量各由四根木柱支撑，不对称地占据了平面的主要部分。锥形体量向

屋顶开敞，顶部覆以天窗，内部涂成白色，以便将光线反射到开放式浴缸和客厅等框架式家居空间内部。几扇非结构性的隔断分割了内部空间，在其后围合出衣柜和洗手间。四面外墙支

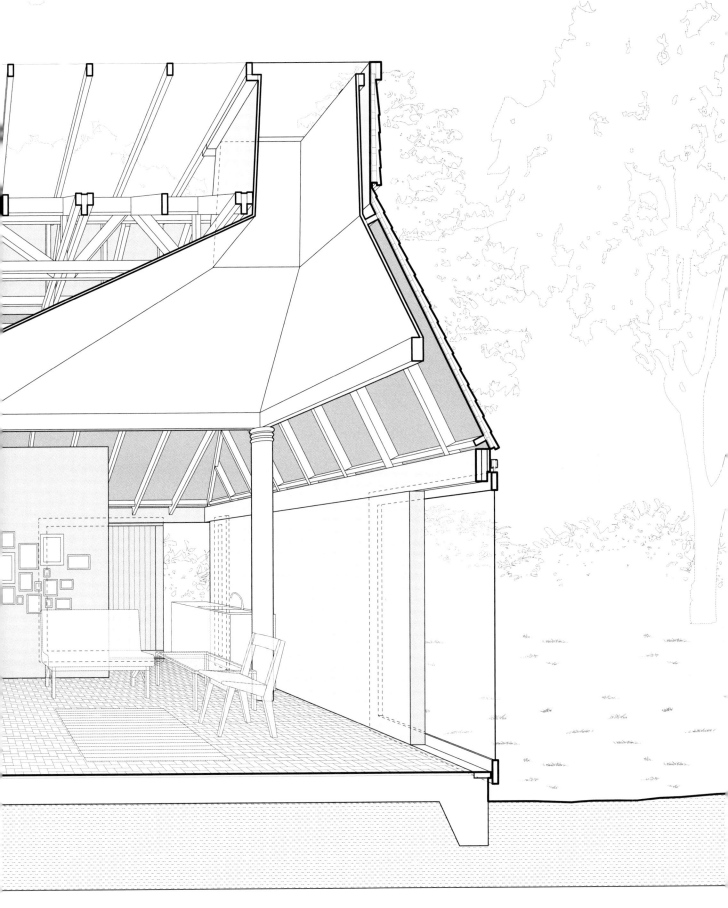

查尔斯·摩尔 | 1962年

撑着标准尺寸的木材制成的整体式屋顶。仅有一半外墙下设基础，另外一半为悬挂在滑轨上的木框架玻璃门；它们可以沿固定墙体滑动，将建筑的四角打开。嵌套式剖面反映了该建筑的结构逻辑：角部未设承重件，八根内部的柱子与横跨屋顶的木桁架相连。通过使用嵌套式剖面，摩尔自宅在小空间内实现了建筑的戏剧性与复杂性。

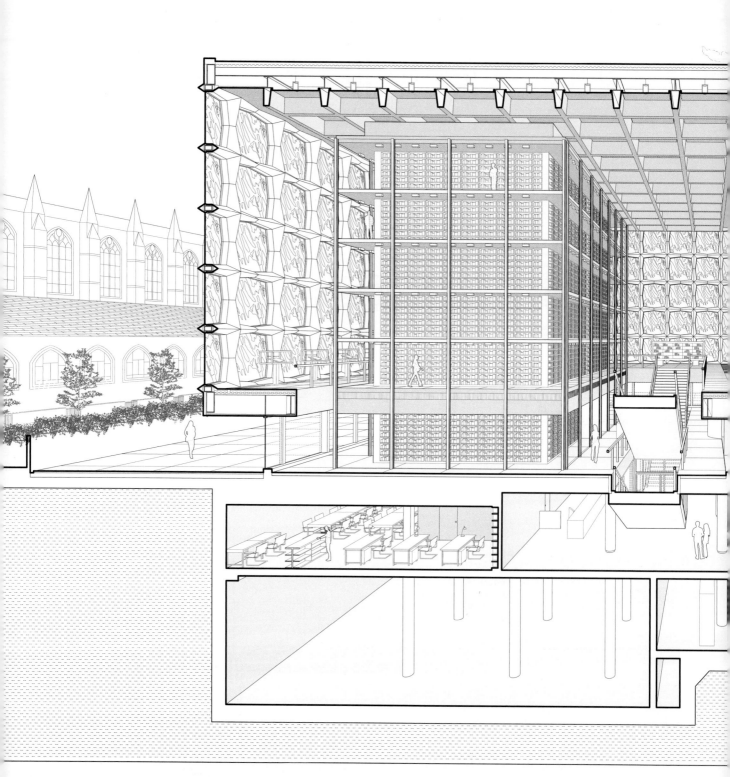

贝尼克珍本与手稿图书馆 | 美国，康涅狄格州，纽黑文

耶鲁大学的贝尼克珍本与手稿图书馆向世人展示了建筑通过置入嵌套式的多层结构，从而调节内部光线与微气候的能力。箱体外设四组钢制空腹桁架墙，表面为多面体石柱与预制混凝土板。桁架形成的网格内，嵌有3.2厘米厚的半透明大理石板，

在过滤紫外线的同时提供间接照明。石质外壳与钢结构和玻璃面板组成的内箱相互并置，为室内提供精准的温度湿度控制。玻璃箱体使脆弱的珍本书存储于人们可见可达却又严格可控的环境中。嵌套的体量由展览平台环绕。墙壁将结构负荷传递

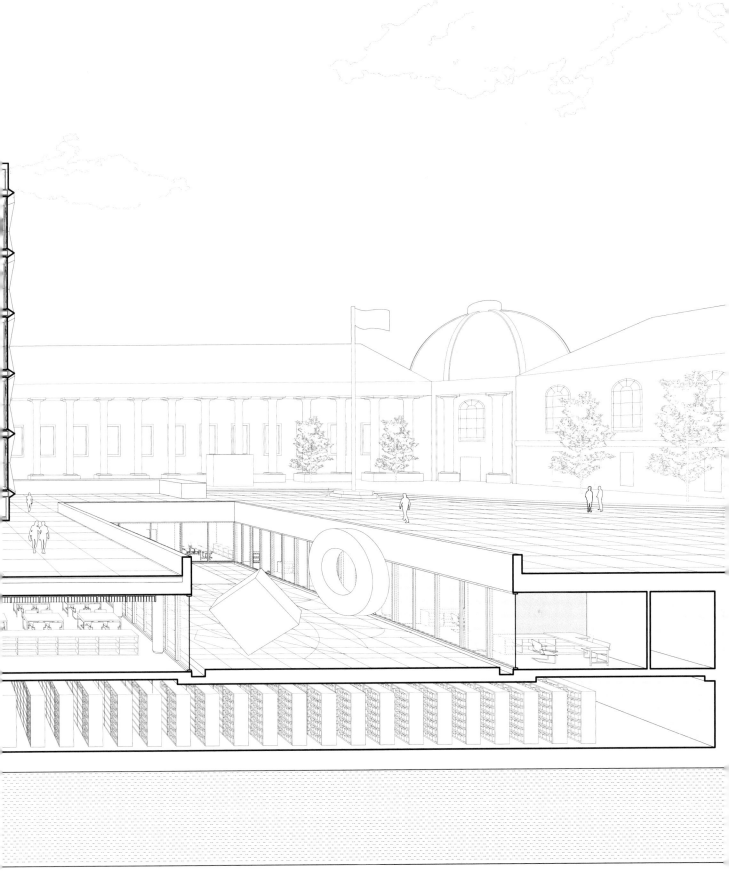

戈登·邦夏，来自SOM建筑事务所 | 1963年

到角部的四根立柱中，底层架空，使巨大的大理石箱体仿佛漂浮在校园中心地带的空中。下沉庭院为地下办公室和图书馆提供采光。地下层设置建筑的主要辅助功能，包括研讨室、办公室、策展空间，并作为主要的藏书空间；建筑的宏大奇景则由地上层的嵌套式剖面实现。

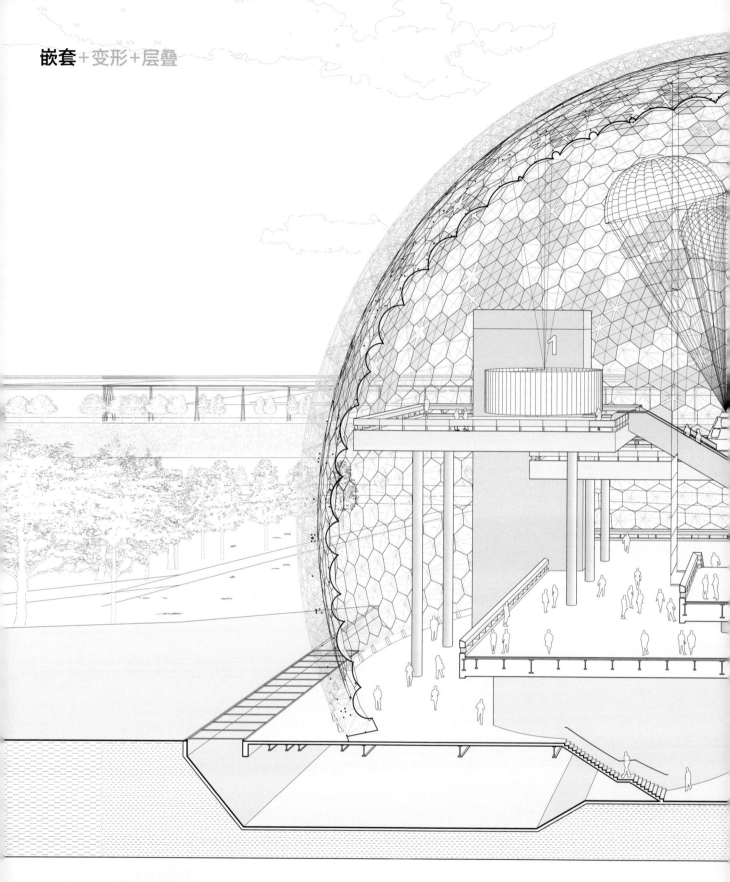

嵌套+变形+层叠

1967年世博会美国馆 | 加拿大，蒙特利尔

1967年世博会美国馆是在冷战背景下，由美国信息机构委托设计，抗衡对面苏联馆的展馆建筑。美国馆由剑桥七人建筑事务所（Cambridge Seven Associate）设计，包含300座剧场与多层次展览平台，主要展出美国在文化学与航天学领域的成

就。所有展览空间均被嵌套入网格框架的穹顶之内，穹顶直径76.2米，高62.8米。建筑拥有双层表皮，外层穹顶由三角面构成，内层由六边形构成，六边形框内嵌6.4厘米厚的透明亚克力塑料板；两层表皮之间，是101.6厘米厚的空隙。自动百叶

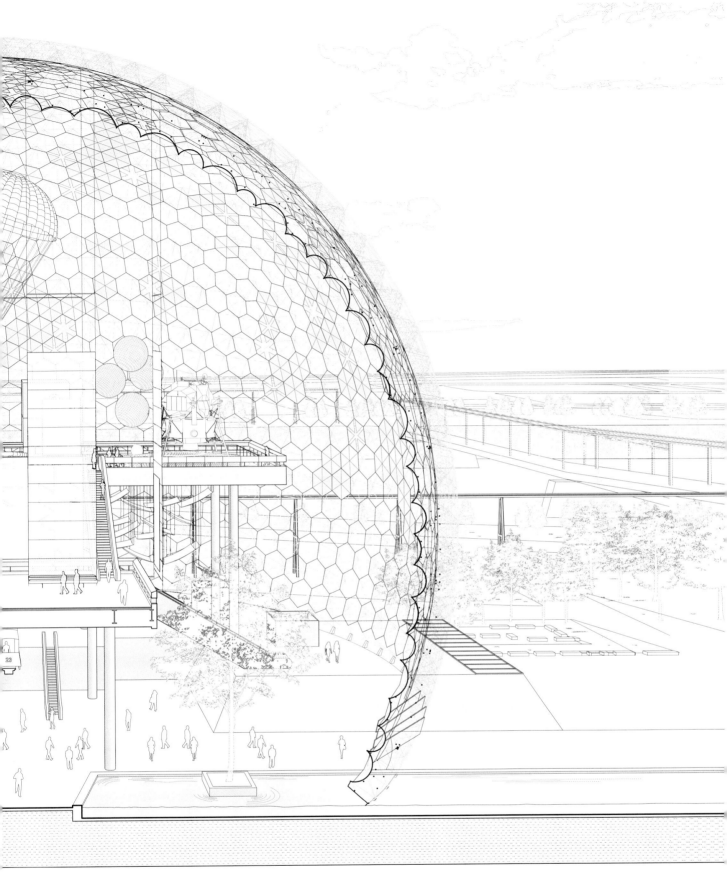

巴克敏斯特·富勒与束基·萨达奥 | 1967年

窗覆盖亚克力塑料板的1/3，与空调系统协调工作，创造室内微气候。189 722立方米的室内体积空间由内含轧钢的多层混凝土平台与直径76.2厘米的钢柱支撑。展览平台由几组自动扶梯相互联系，每部扶梯长达38.1米，是当时最长的扶梯。该建筑对占据主要空间的平台与大型透明穹顶的差异性进行理性的协调，营造独特的空间体验。

N住宅 | 日本，大分

藤本壮介为该独立家庭设计的N住宅将三个"盒子"进行立体嵌套，每个盒子均有较大的矩形洞口，以协调建筑的室内与室外。每个盒子在建筑围合中均有独特的作用。最核心的盒子

采用轻质木材和石膏，将中心的生活和餐饮功能与周围的卧室和仪式空间分隔开。第二层的盒子采用混凝土结构，洞口封玻璃窗，使建筑不受天气变化的影响。最外层的混凝土外壳划定

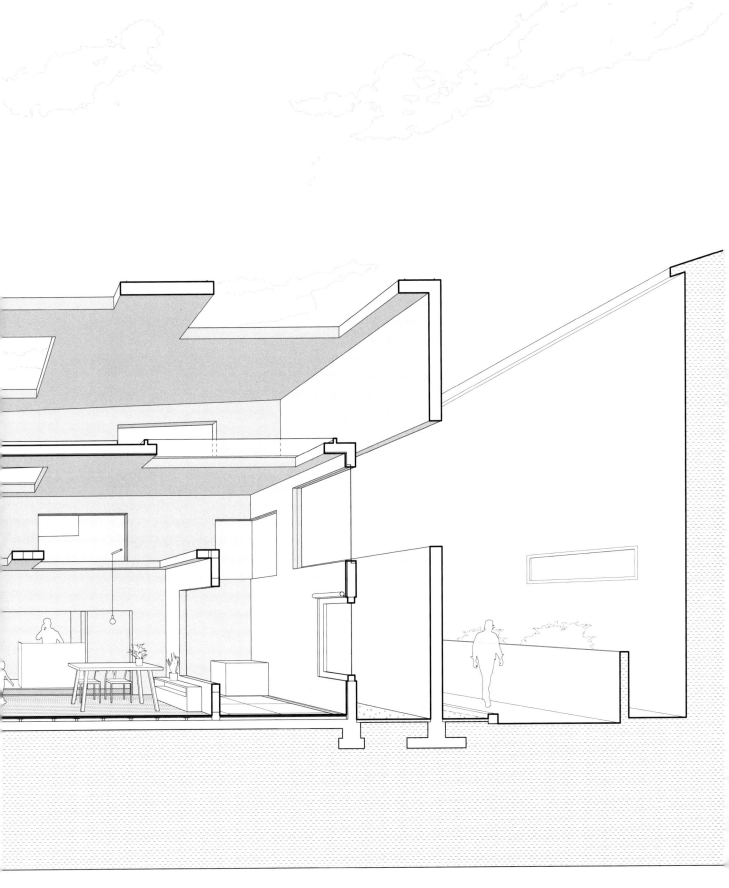

藤本壮介建筑事务所 | 2008年

建筑边界，在花园中为户主的室外活动创造私密性，同时过滤
一部分阳光。沿箱形壳体层层向外，墙壁厚度依次为13.8厘
米、18厘米与22厘米，根据结构必要性成比例增长。只有厨

房和浴室被设置在外层壳体和中间壳体之间，并由玻璃分隔，
撼动了该建筑嵌套式剖面的连续性逻辑。

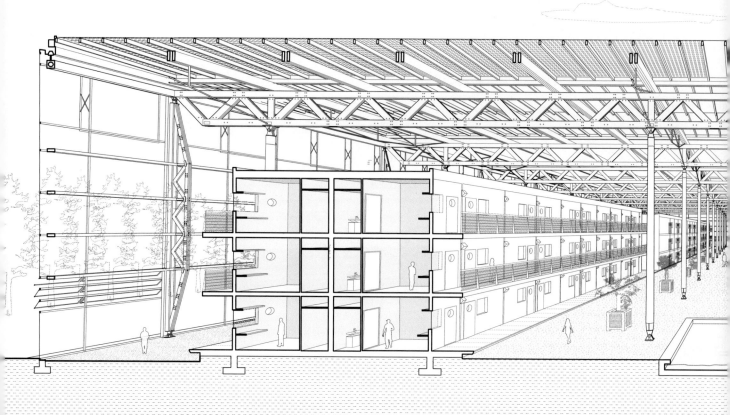

塞尼山培训中心 ｜ 德国，赫恩索丁根

该市民服务设施建于废弃的塞尼山煤矿之上，通过嵌套式剖面的使用，在城市尺度的微环境下创造室内温度梯度。建筑外围是面积达11 427平方米的玻璃幕墙，内部为双排结构，一侧为二层，一侧为三层，承办短期的健身或培训项目。该

建筑如同太阳能温室，采用当地产的玻璃与木材；支撑结构为15.2米高的原木，梁架结构为层压木桁架，并配置9290平方米的太阳能光伏板——其生产的电能达该建筑所需的2.5倍之多。幕墙玻璃能够上下开合90度，使室内嵌套的三层空间

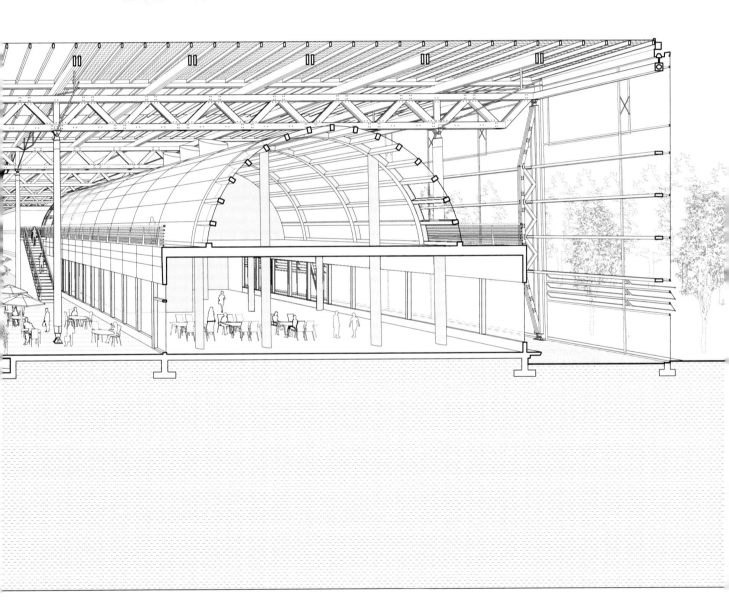

乔达建筑事务所 | 1999年

常年拥有温和的微环境。水池与绿植为室内降温，作为花园
与庭院的构成要素；整个建筑宛如水晶球般精巧。由于不受
天气变化的影响，该建筑建造成本并不高。在该嵌套式剖面
中，剩余空间介于室外与室内之间，提供了适于人活动的被
动式空调缓冲区，使建筑环境更加宜人。

嵌套+变形+层叠

普拉达青山旗舰店 ｜ 日本，东京

位于东京的普拉达旗舰店将外部的具象形式与内部的层状空间、管状结构相结合，以创造钢材与玻璃组成的购物中心的标志形象，钢结构骨架截面为I型，尺寸为18厘米×20.5厘米，采用现场焊接的方式，外包硅酸钙防火层，形成边长为

3.2米的平行四边形网格。在斜向框架内，凸出凹进或平坦的枕状玻璃为建筑立面提供连续变化的肌理，形成十个方向起伏不平的外表皮。整个建筑被置入混凝土桶状结构中，设隔离垫以保证结构的抗震性。建筑内部由七层混凝土楼板形

- 144 -

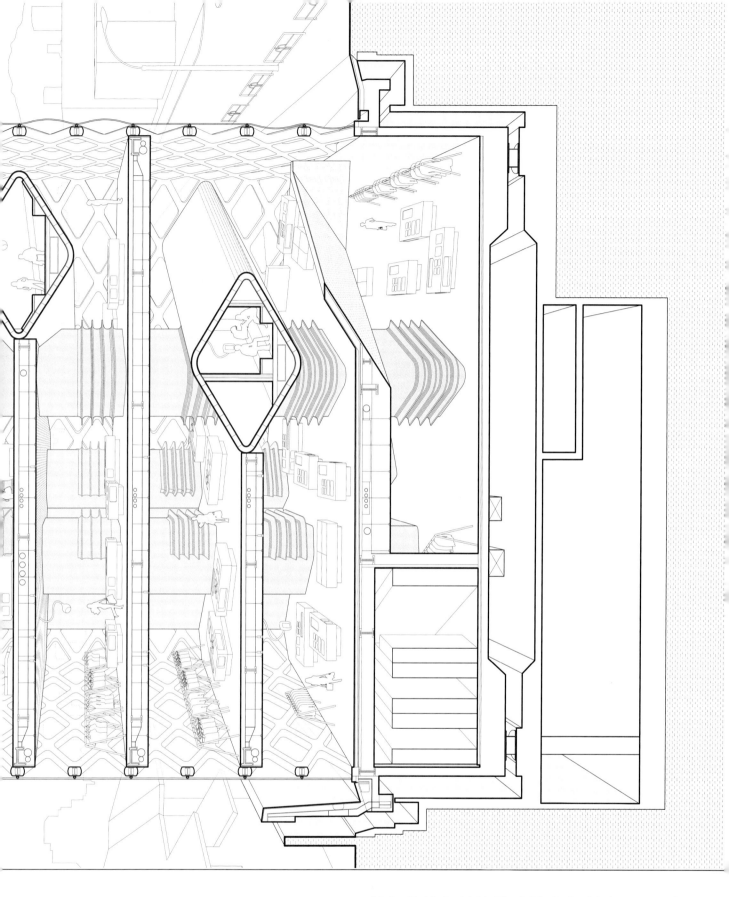

赫尔佐格与德梅隆建筑事务所｜2003年

成的层状空间与交通核构成，交通核内包含机械系统。三组水平管状物被嵌于楼层平面之间，其截面与表皮的四个平行四边形等大；管状物内包含试衣间、结账台等空间，并加强建筑的横向稳定性。嵌套的管状空间由斜肋构架表皮拉伸而出，继而嵌入主体结构与层叠楼板之间，强调了外部至内部、层与层之间的差异性，塑造表皮、结构、空间与形式之间错综复杂的融合。

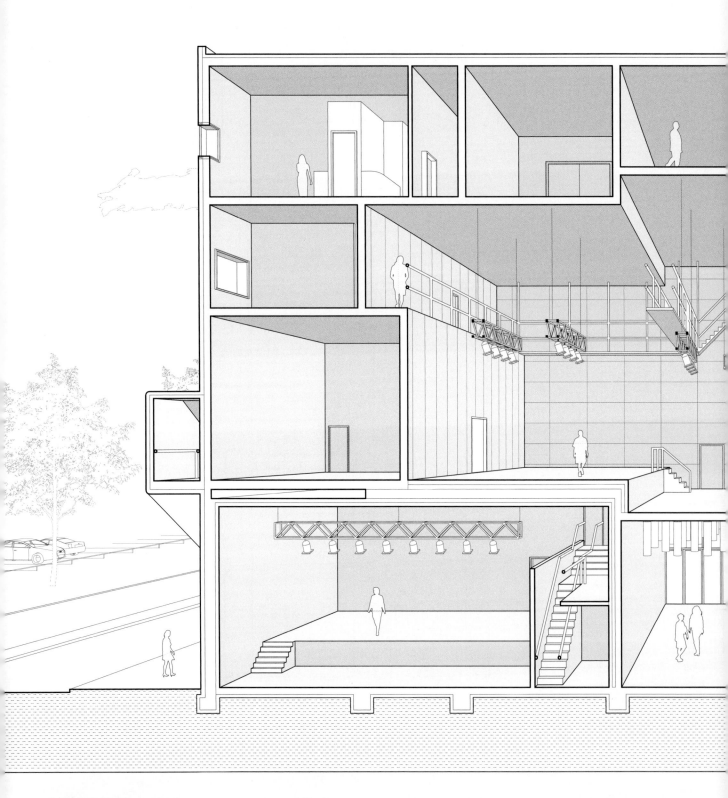

埃弗纳尔文化中心 │ 荷兰，埃因霍温

该中心将分散的矩形体量"捆绑"在一起，创造多功能的会场空间。每个体量均由强化混凝土围合，承担特定功能或活动，作为小型舞台、更衣室、录音室或咖啡厅。箱体被推挤至剖面边缘，立面呈现为单一矩形体量。室内中部的剩余空间为主要的展演场。由于结构梁横跨下部的展演空间，将荷载由北侧传至南侧，因此在悬挑的五层，其墙

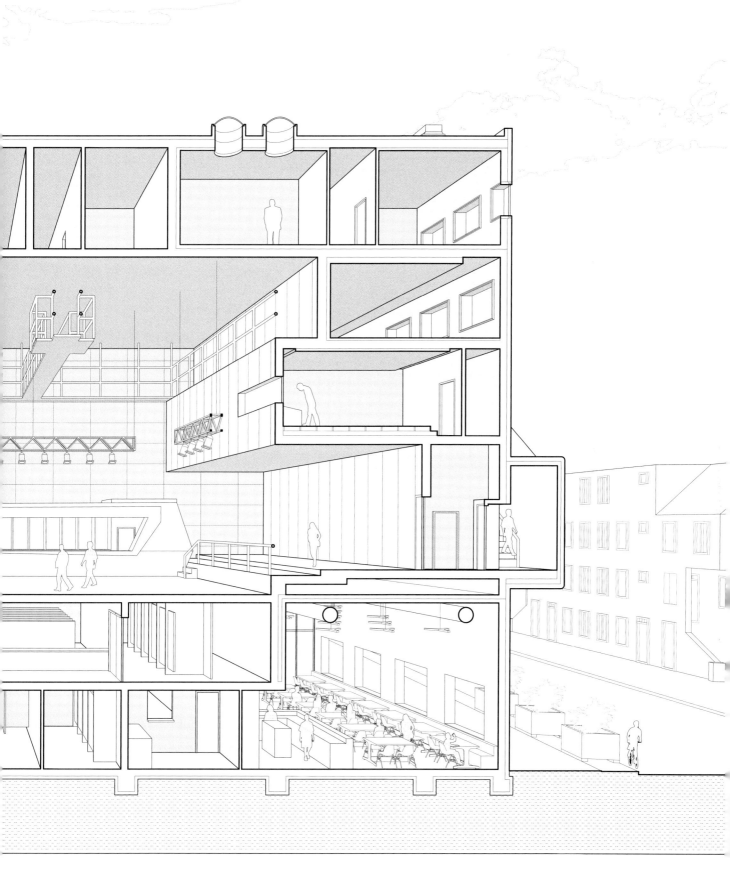

MVRDV建筑事务所 | 2005年

体厚度为其他墙体的两倍。相互叠加而错落的箱体创造露
台空间与项目工作室，由附加的T台联系在一起。楼梯悬
置于主体之外，以盘绕的突出形象丰富箱体的外部空间，

亦使剖面的嵌套关系更为紧凑。

嵌套+层叠

坡里住宅 | 智利，克里沃姆半岛

坡里住宅回避了一切关于尺度与功能的粗浅理解，以深凹窗、立方体雕塑形体屹立于悬崖之上，静默如谜。从混凝土外壳上2米见方的孔洞中，我们可以窥探结构、表皮与嵌套式体量的丰富层次。该假日住宅/文化中心是"方盒子中的方盒子"，两层之间留有1米宽的交通空间。尽管层次的冗余会加剧内外空间的差异，但交通空间的存在却增加了建筑的可读性。出于遮蔽强烈日光、抵御极端天气的考虑，室外玻璃分为两层，位于交通区域的内外两侧。边界性的交通空间容纳

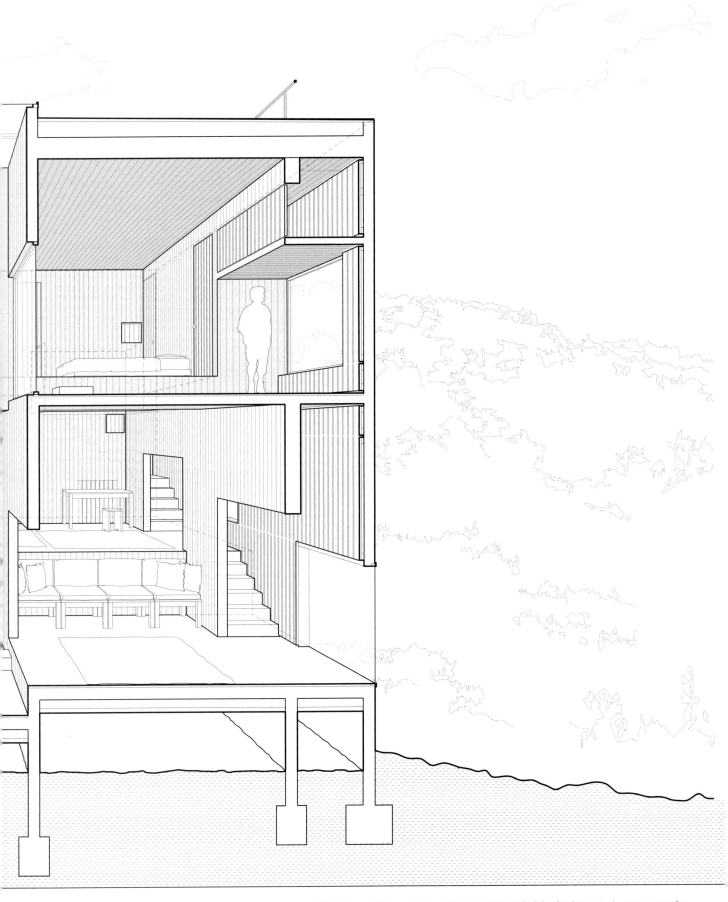

佩佐·冯·埃尔里奇豪森建筑事务所｜2005年

一切服务设施，包括小厨房、浴室与楼梯。家具置于储藏间内，交通空间解放剩余的嵌套式内部体量，包括起居室、卧室与书房。超大尺度的洞口创造视线与行为的连接，房间围绕三层高的中央起居空间以逆时针螺旋上升，创造出六个独特层次。建造过程中的木模板被再利用为室内家具与墙体的面层，模糊了表皮与结构的界限。

嵌套+穿孔

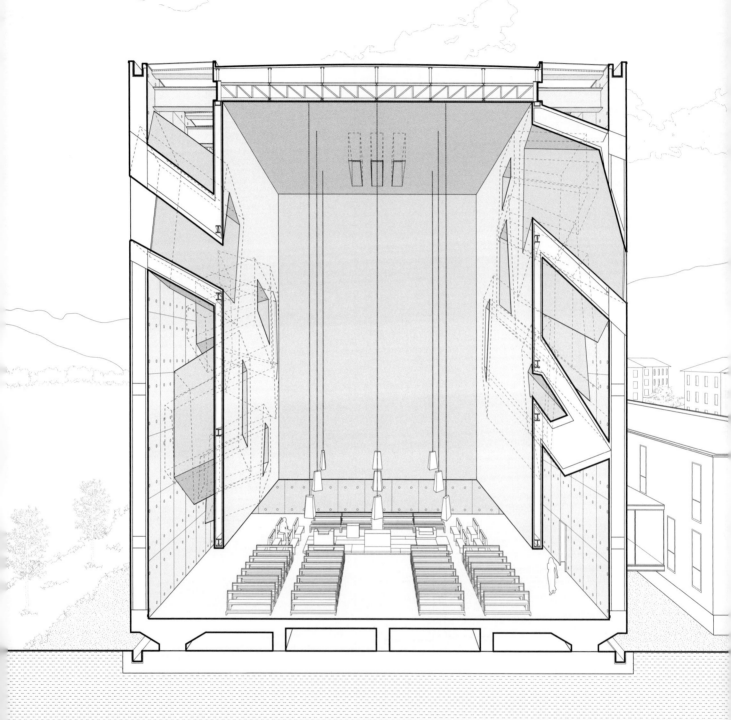

圣保罗教区综合体 ｜ 意大利，福利尼奥

圣保罗教区综合体使用嵌套的外壳，在同心体量中创建结构
的弹性组织，并营造光影效果。该综合体的前身是一座毁于
地震的宗教建筑。综合体长30米、宽22.5米、高25米；其外

部体量为纯粹的箱体，采用现浇混凝土作为主要结构支撑。
内部箱体仅高于头顶，采用轻钢结构，外覆石膏，悬挂于混
凝土箱体的钢梁之下。室内空间与外部结构通过不规则四边

形的管状物"拴结"在一起，描绘日光的离散体系。两层壳
体之间的巨大天窗强调壳体材料属性的差异，较昏暗的内部
教堂与较明亮的边廊形成鲜明对比。该建筑装饰极少，利用

嵌套式剖面强化了空间序列的神圣仪式感。

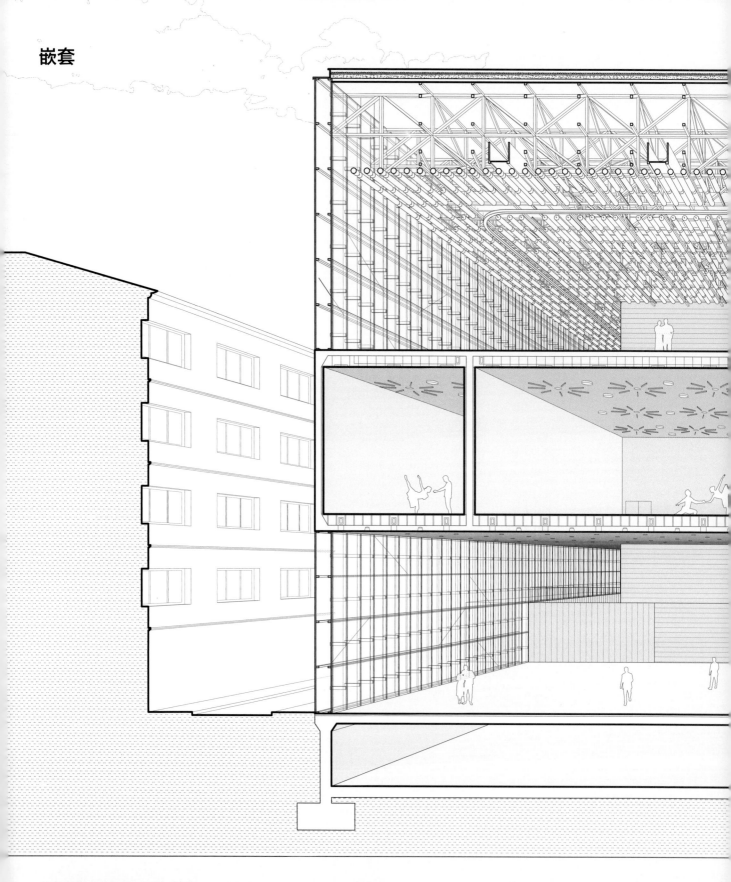

嵌套

拉科鲁尼亚艺术中心 | 西班牙，拉科鲁尼亚

如图所示，该艺术设施原本被策划为两座内部交织的结构——舞蹈学院与公共博物馆——嵌套于独立钢框架玻璃体之内。舞蹈学院仅向学生与工作人员开放，位于分散的混凝土体量之内，由垂直交通核连接。将混凝土体量推至与外边缘平齐，嵌在双层表皮之中，使其成为该建筑物的显著特点，从外部即可辨认。公共博物馆空间位于混凝土箱体之外。两种功能组织具有自主性，材料与照度的不同强调二者的区别。不同颜色的声音管道悬于天花板之下，吸收博物馆

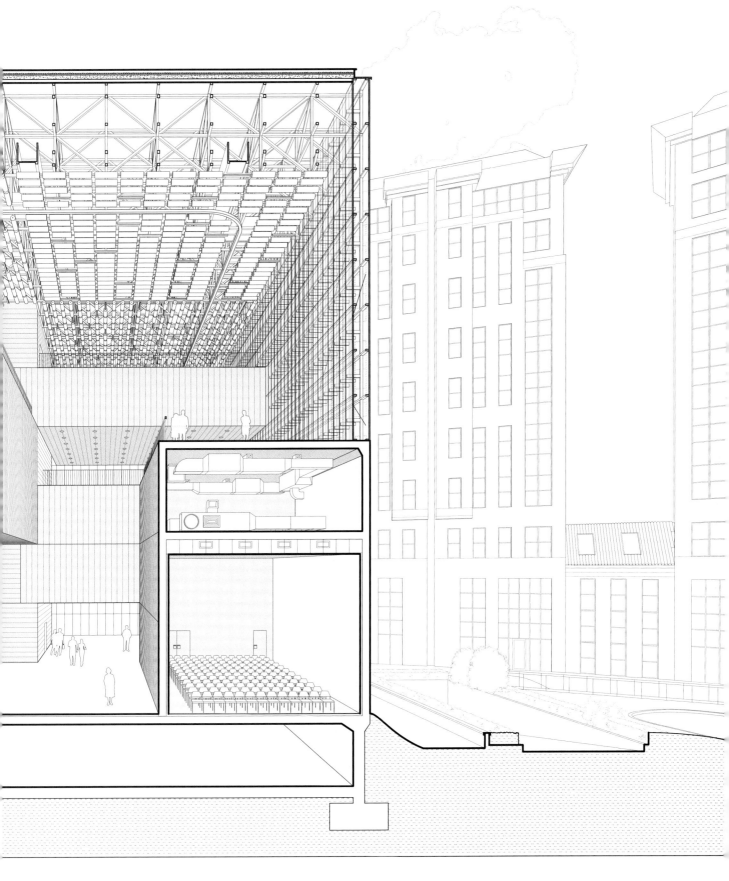

阿塞博克斯阿隆索工作室 | 2011年

的噪声，并将机械设备与桁架隐于其中。舞蹈室采用人工照明，博物馆室内采用漫射自然光。但是，经过十年的建造与闲置，该建筑投入使用时已更换业主，归国家科技博物馆所有。因此又进行了一系列调整，以将二者分离的空间布局合并为一座独立的建筑，削弱了原设计中基于功能组织的剖面差异。

混合

拉伸、层叠、变形、切削、穿孔、倾斜与嵌套是剖面操作的主要方法。为使本书更加清晰，这些操作以单独的类型呈现，虽然这种情况在设计中极少出现。事实上，建筑会展现错综复杂的剖面形式，其中包含各种操作的杂糅与混合。

向日葵别墅 安吉洛 · 因维尼奇
Villa Girasole Angelo Invernizzi

耶鲁大学艺术与建筑学院楼 保罗 · 鲁道夫
Yale Art and Architecture Building
Paul Rudolph

VPRO办公体 MVRDV建筑事务所
Villa VPRO MVRDV

西雅图中央图书馆
大都会建筑事务所/LMN建筑事务所
Seattle Central Library
OMA / LMN Architects

诺尔顿建筑系馆
麦克 · 斯科金 + 梅里尔 · 埃拉姆建筑事务所
Knowlton Hall
Mack Scogin Merrill Elam Architects

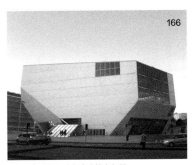

波尔图音乐厅 大都会建筑事务所
Casa da Música OMA

伊布里克玛格基金会博物馆 阿尔瓦罗 · 西扎
Iberê Camargo Foundation Museum
Álvaro Siza

博科尼大学教学楼 格拉夫顿建筑事务所
Università Luigi Bocconi
Grafton Architects

维特拉展厅 赫尔佐格与德梅隆建筑事务所
VitraHaus Herzog & de Meuron

劳力士学习中心 SANAA建筑事务所
Rolex Learning Center SANAA

浅草文化旅游中心 隈研吾建筑事务所
Asakusa Culture and Tourism Center
Kengo Kuma & Associates

墨尔本设计学院
NADAAA建筑事务所/约翰 · 沃德尔建筑事务所
Melbourne School of Design
NADAAA / John Wardle Architects

星辰公寓 迈克尔 · 毛赞建筑事务所
Star Apartments
Michael Maltzan Architecture

里约热内卢视听博物馆
迪勒 · 斯科菲迪奥 + 伦弗罗建筑事务所
Museum of Image and Sound
Diller Scofidio + Renfro

向日葵别墅 | 意大利，马塞利斯

得益于建筑与剖面的高度集成，向日葵别墅的主要起居空间能够旋转一定角度，以保持入射光线与房屋朝向的理想关系。半圆形石砌地下室嵌入山体，向上托举圆形露台，全方位展示山坡景致。地下室结构共三个层次，分别为车库、底层入口与开放式回廊。八层高的露天旋转楼梯间如同灯塔，深深嵌入地下，并向上连接起居空间的两翼。楼梯与整个上层空间均能转动，利用两台电机驱动，平台下安装15只滑轮，整个转动过程用时9小时20分钟；采用轻

安吉洛·因维尼奇 | 1935年

质混凝土框架结构，金属板覆面。旋转动力来自42.35米深的地下室底部的转盘轴承，其上的庭园形式规整，为人提供旋转的环游体验。别墅轨道为水平方向，因此日照角度仅随高度变化。向日葵别墅动态的混合式剖面通过分离剖面维度的运动，实现了建筑的向阳旋转。

层叠＋**穿孔**＋**切削**＋**嵌套**＋变形

耶鲁大学艺术与建筑学院楼 ｜美国，康涅狄格州，纽黑文

耶鲁大学艺术与建筑学院楼作为标志性建筑，设计并落成于保
罗·鲁道夫任该学院院长期间；建筑以开放中庭为核心布置了
37种独特的楼层，条纹混凝土材质的塔楼进一步强化该空间的

秩序。建筑剖面集合层叠、切削、嵌套、穿孔等手法，创造视
觉与空间的叠加与交错，尤其是在广阔的中央大厅与画廊内，
以及外围被挤压的工作室与办公空间中。连桥、交错平台与偏

保罗·鲁道夫 | 1963年

移楼板强化毗邻空间的相互影响，使人们在校园内能透过巨大的钢框玻璃幕墙望穿建筑内部。混凝土柱墩体量庞大，支撑水平平台，容纳机械设备，承担垂直交通；如质地粗糙的纹理体现粗野之美。在建筑上部，水平面让位于围合的管状形式，该管状物连通垂直体量并围合下层空间。日光从天窗射入众多体量之间，为这座原本因剖面组合而丰富多变的建筑更添生气。

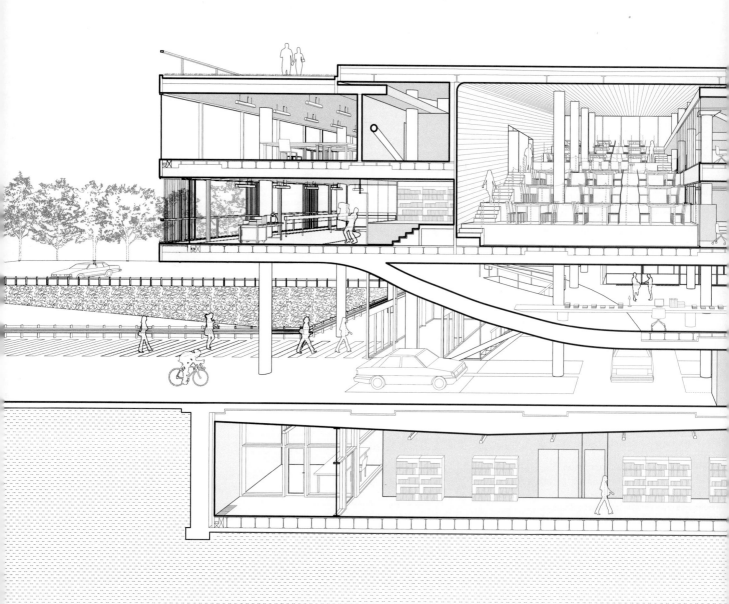

VPRO办公体 | 荷兰，希尔弗瑟姆

VPRO办公体通过建筑手段的介入，挑战了层状办公建筑的同质性。该建筑作为VPRO广播公司总部，MVRDV建筑事务所力图保持其原有的13个办公空间的特异性，并将其并入新建的独立建筑中。该建筑是常规与非常规的对话：方形场地、矩形柱网与五层混凝土楼板定义常规性，打断传统形式的一系列错动则诠释非常规的一面。停车层楼板向上卷为屋顶，为三层的建筑主轴空间增添活力，并成为建筑的标志形象。贯穿建筑的多个孔洞打断平面的连续性，并提供剖面的

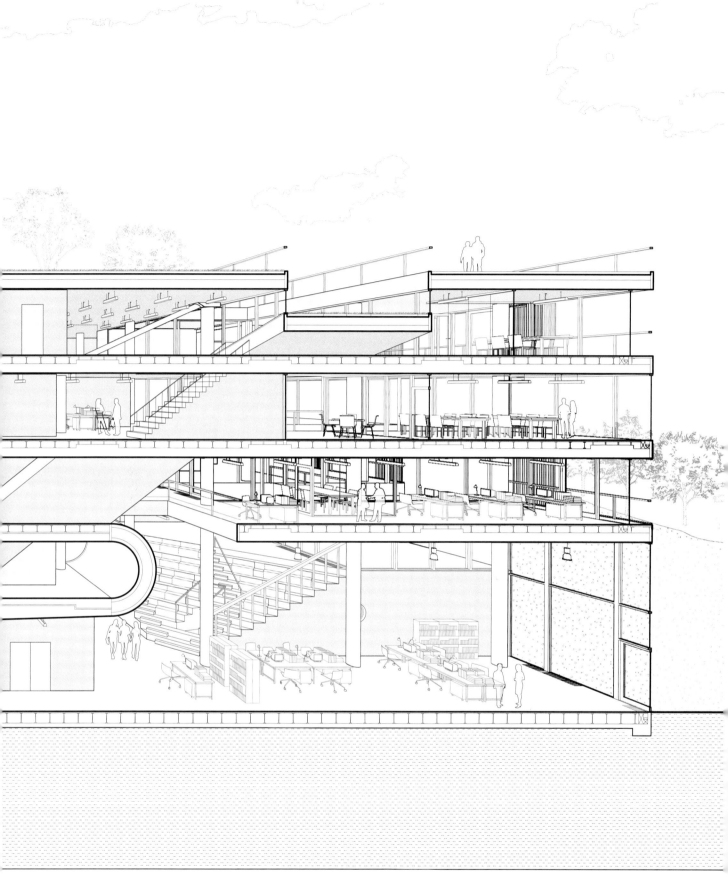

MVRDV 建筑事务所 | 1997年

联结。倾斜平面将层与层连接在一起，下至下沉庭院，上至屋顶花园，本身则作为倾斜的楼板供剧场使用。楼板平面通过切削，创造了阶梯状的空间序列，引入阳光，并为人们提供更好的视野。介入的建筑手段形成异质空间与交织路径，强化企业内部空间的互动性。嵌入立面的玻璃窗如实展现了内部的混凝土楼板，使混合式剖面成为建筑的标志形象：剖面即立面。

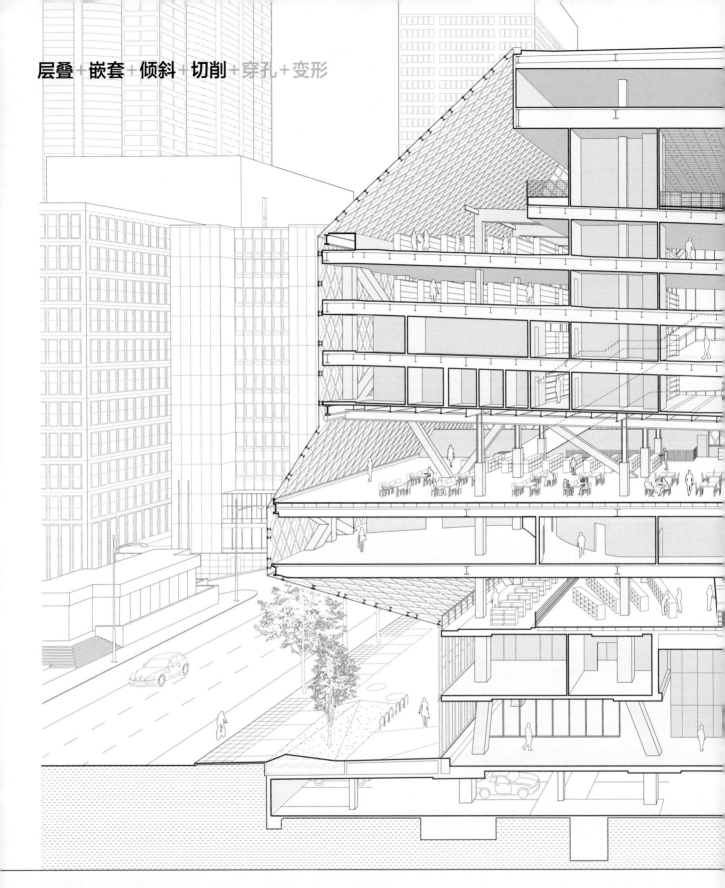

西雅图中央图书馆 │ 美国，华盛顿州，西雅图

西雅图中央图书馆坐落于市中心，并占据了整个街区；它向世人展示了不同剖面类型在不同尺度下，如何以聚合关系并置与交叠。该建筑空间组织为层状序列，将相似的功能区块聚集至连续的表皮之内。较为固定的活动分布在层状空间内，包括办公空间、藏书空间、会议空间与停车空间。该层状空间层高各异，水平方向各有偏移，在各个方向上均形成独立的单元，创造中庭、室外顶棚与自遮阳悬臂。阅读与社交空间是建筑中最活跃的部分，位于层叠、偏移的层状空间

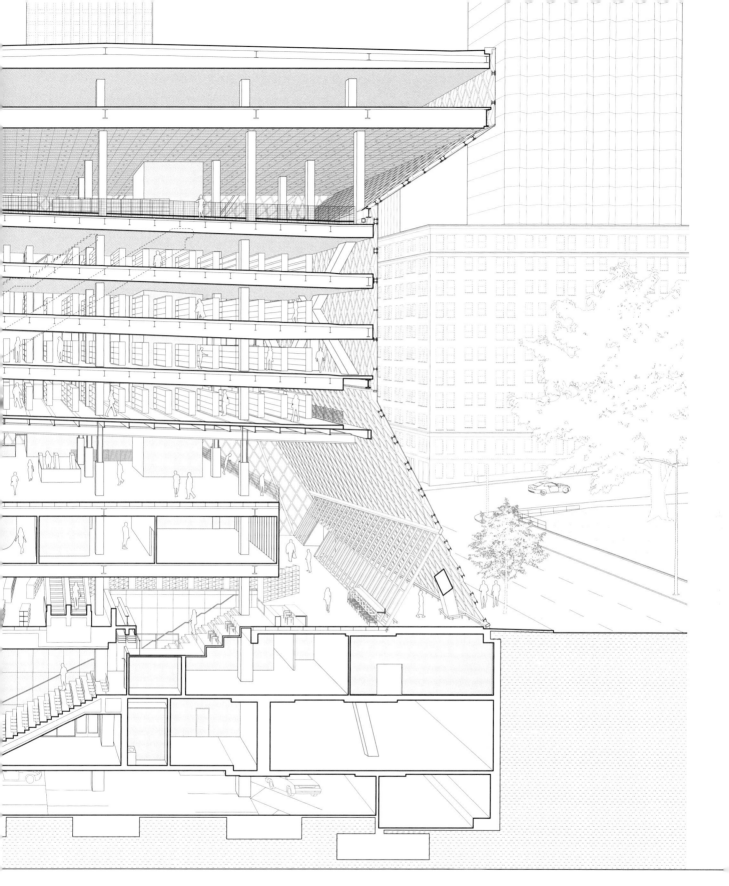

大都会建筑事务所/LMN建筑事务所 ｜ 2004年

之间。建筑师让局部的剖面产生变化，以适应每层的独特功能。四层藏书空间采用倾斜楼板，整合为连续的巨型"旋转楼梯"，以便功能的重新组织与延续，并将浏览图书的过程转化为建筑漫步的体验。阶梯礼堂与办公空间集合交叉布置，保持望向室外场地斜坡的视觉连续性。网格状的立面由30.5厘米厚的钢管构成，既满足了传递侧向力的结构要求，又增强了图书馆形象的可识别性。

倾斜+**穿孔**+**层叠**+切削+嵌套+变形

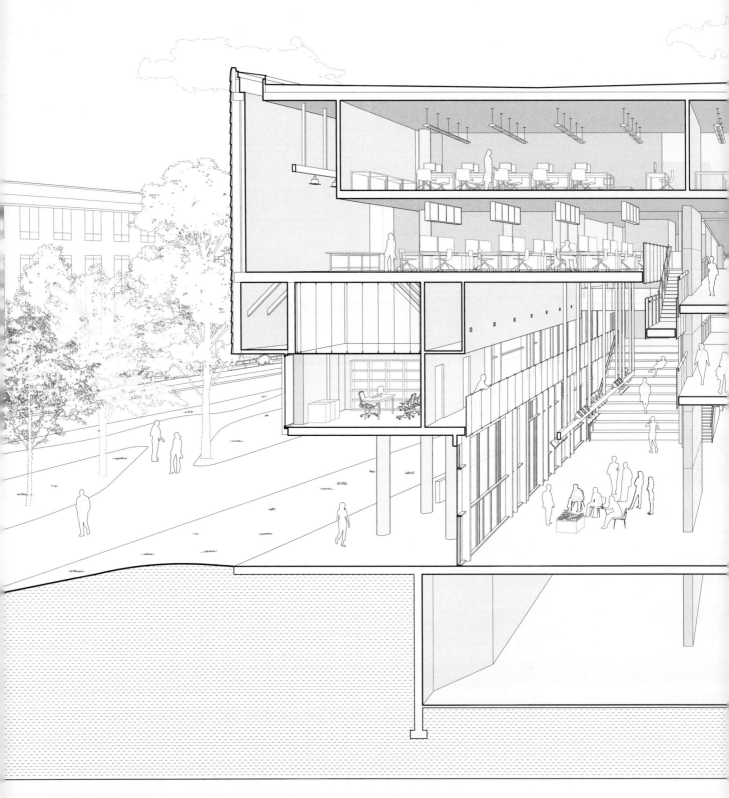

诺尔顿建筑系馆 | 美国，俄亥俄州，哥伦布市

建筑面积为16 350平方米，诺尔顿建筑系馆将功能多样性的空间序列容纳在标志性的校园场地内。两条平行的倾斜步道贯穿平面的长边，甚至超出流线所需的长度，用以连接并激活整栋建筑。坡道由地下层的商铺与礼堂向上延伸，跨越地面层的画廊、教室与评图空间，二层办公室的带形空间，三层的工作室，顶层的图书馆、机房，最终到达室外的屋顶花园。坡道打断平面、连接剖面，为楼层的垂直切削提供可能。外立面整体为覆以大理石瓦片的混凝

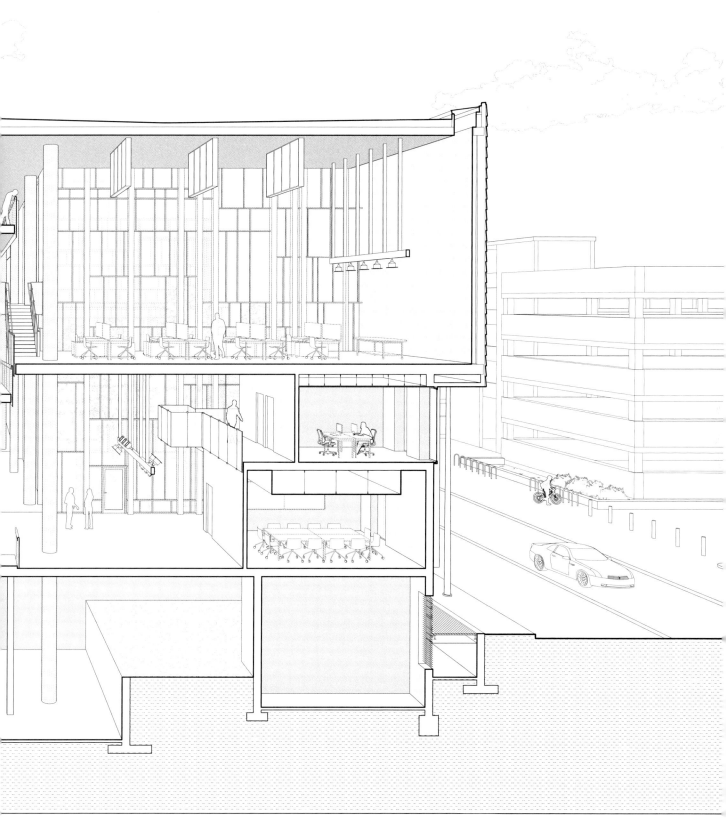

麦克·斯科金＋梅里尔·埃拉姆建筑事务所 ｜2004年

土结构，建筑师将其切削，露出体量内部由玻璃包裹双层通高、颇具活力的中庭空间。中庭空间、嵌套体量、水平与垂直维度的切削，以及最重要的倾斜表面，共同激活建筑的社会互动性。因此，作为教学建筑，该建筑系馆证明了剖面可为空间带来的可能性，为人们带来的愉悦感。

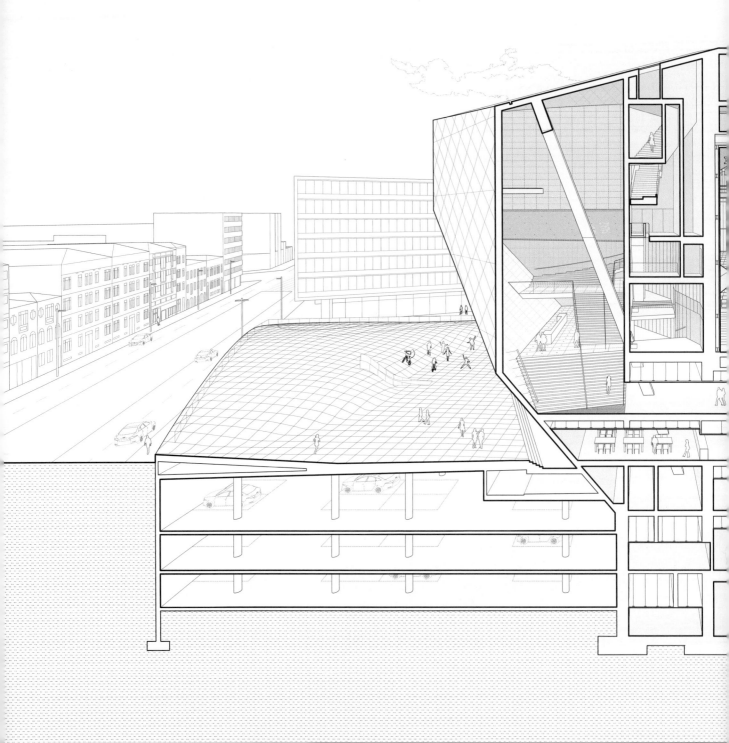

波尔图音乐厅 | 葡萄牙，波尔图

一般的音乐厅状如鞋盒，虽能提供卓越的声学体验，却缺乏建筑的趣味性；因此，大都会建筑事务所在多种功能混合的波尔图音乐厅内嵌套了一座矩形主音乐厅，却在外部呈现为不规则多面体的形式。建筑师在其内部中央掏出大尺度的矩形孔洞，形成主音乐厅。辅助空间与交通空间围绕音乐厅外围布置，剖面形式根据功能制定。在建筑的一侧，带有仪式性的大台阶缓缓升至塔状的高耸中庭空间。建筑师为尺度较小的录音室与独奏厅设计了阶梯状楼板，剖面为锥形。在建

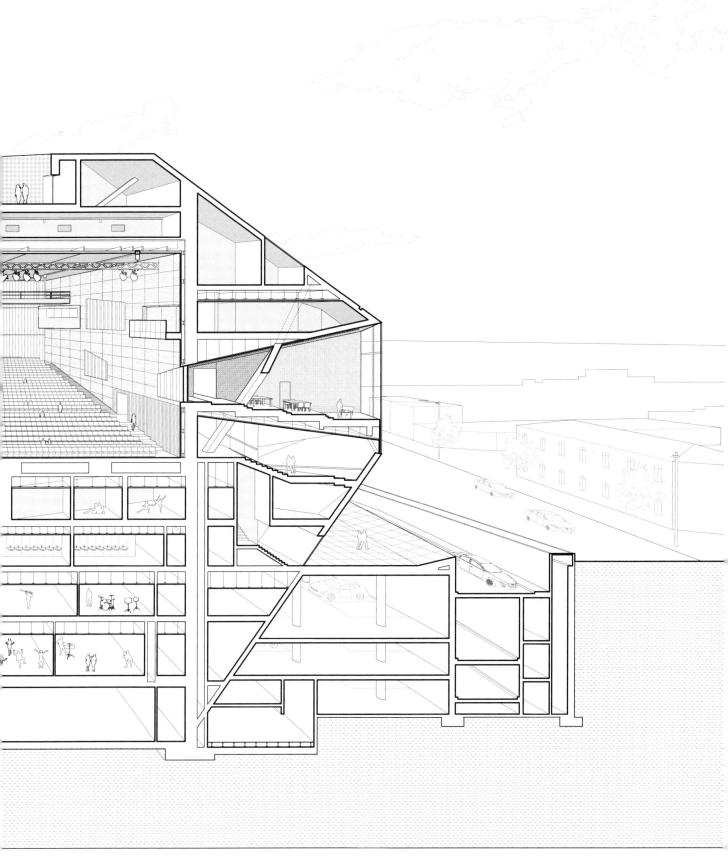

筑侧面隆起部分之下，箱形的练习室、舞蹈厅与排练厅嵌套于支撑主音乐厅空间的结构框架之中。多层次的石材表皮以斜角接触地面，强化了该建筑孤独坐落于场地中心的实物艺术的特性（Objecthood）。建筑入口与箱形表演厅平齐，表面为曲线形的双层玻璃幕墙，将建筑内部的活动展现给城市。在该混合式剖面中，大型地下停车设施采用独立的板式结构，减轻结构的振动，并创造地形起伏的石材表面，将建筑演绎为有趣的、立于场地之中的雕塑。

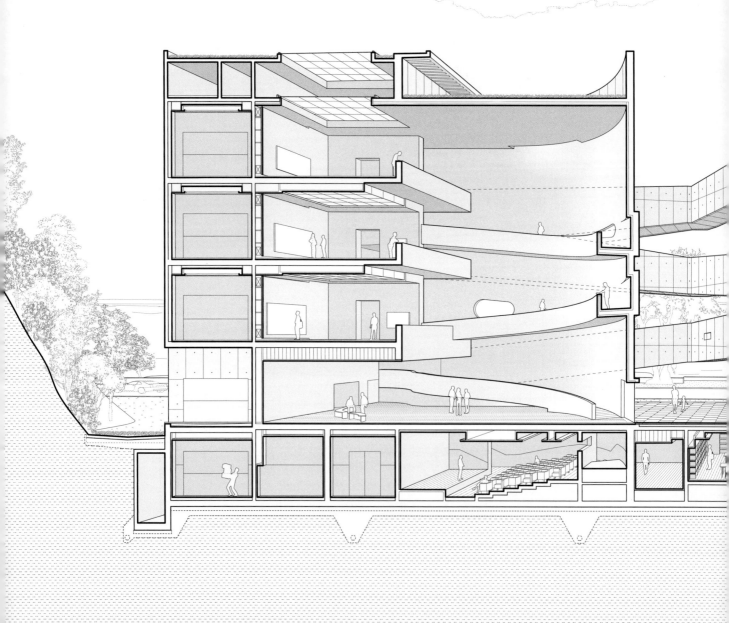

伊布里克玛格基金会博物馆 │ 巴西，阿雷格里港

该文化建筑占据了沿海高速与密布植物的悬崖之间的一片狭长地带。在受限的场地中，西扎将一部分线性形成的基座埋于地下，并以白色强化混凝土的外观营造了建筑的雕塑感。基座内容纳多项功能，包括档案室、报告厅和位于地下的停车场。雕塑式体量是主要的展览空间，由一系列L形并带有天窗的直线形画廊围合了四层的中庭；而在建筑的一侧，画廊延伸至外部波动起伏的连接坡道中。主体与悬置在外的坡道形成了连续的漫步体验，在内外之间穿梭。室内坡道沿着

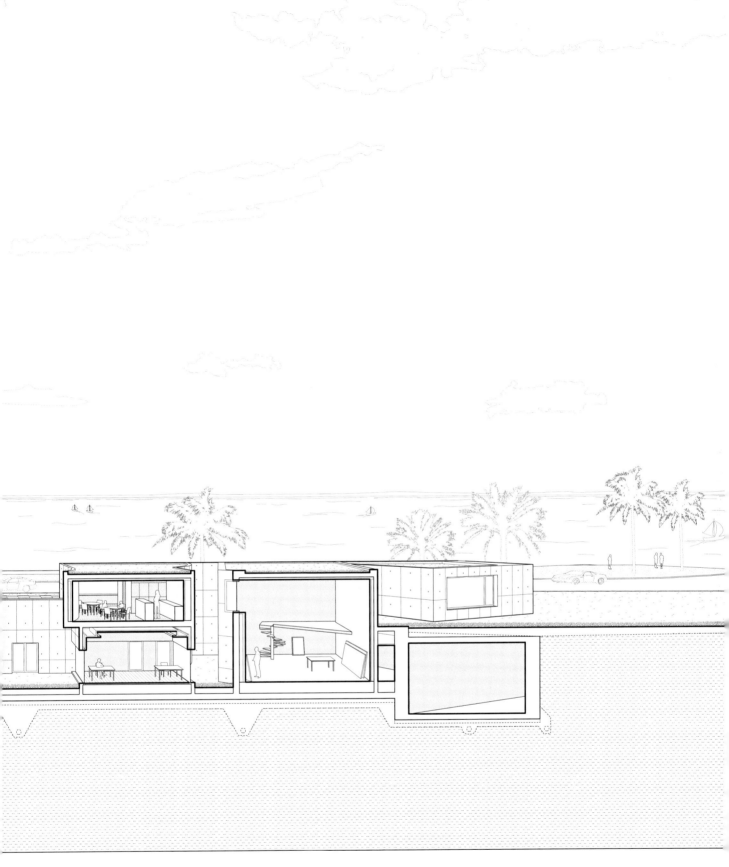

阿尔瓦罗·西扎 | 2008年

弯曲的外墙嵌入建筑之中，室外坡道以混凝土方管的形式分布在建筑的外表面上，将入口限定于中庭外墙和坡道悬臂之间。效仿弗兰克·劳埃德·赖特的古根海姆美术馆的设计，西扎在此将坡道的倾斜表面与中庭的垂直组织相结合。然而，在该混合式剖面中，围合的空间延伸至建筑的主要体量之外，将博物馆引向海边。

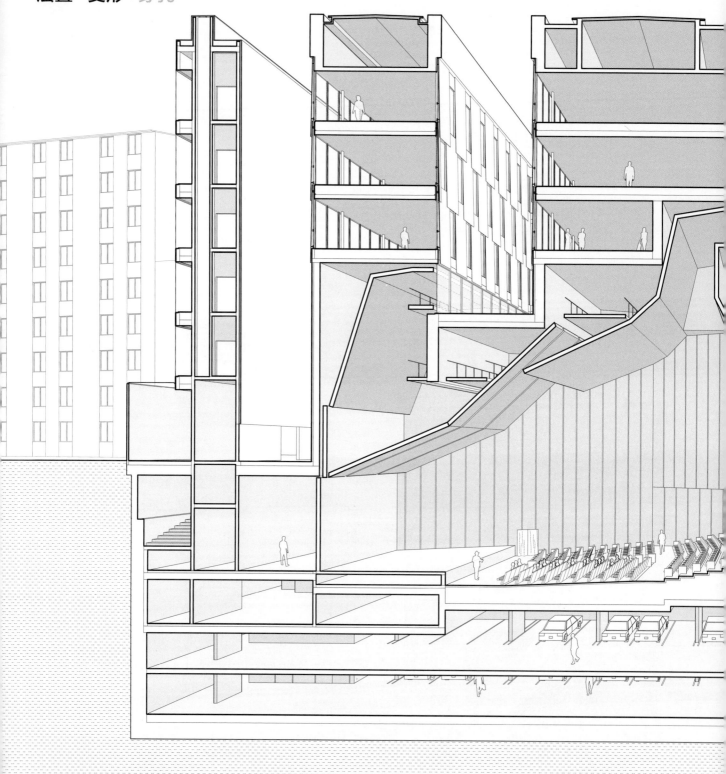

层叠+变形+穿孔

博科尼大学教学楼 | 意大利，米兰

通过将有渗透性的一系列空间按照梯度分层，格拉夫顿建筑事务所应对了博科尼大学建筑竞赛中来自交织的米兰城市肌理与多样的校园组织方式的挑战。该教学楼建筑面积共计65 032平方米，场地长宽分别为160米与80米，由剧场、

报告厅、会议室与可供1000名教授工作的办公室组成。作为一座教学综合体，该建筑对采光进行了精心的调控，结构间距较大，使阳光能够穿透顶棚和外围的玻璃进入内部。倾斜的报告厅局部下沉，其下是两层停车空间。用于办公的带

格拉夫顿建筑事务所 ｜ 2008年

状空间垂直"悬挂"于报告厅之上，每组之间均设置开放空间。报告厅异形屋顶之间的孔隙是阳光收集器，将非直射光引入报告厅。在该混合式剖面中，入口的玻璃幕墙根据街道关系进行切削，大厅则楔入报告厅上层座椅结构的下方，既使整个空间灵动活跃，又强化了该教学楼与城市之间的视觉联系。

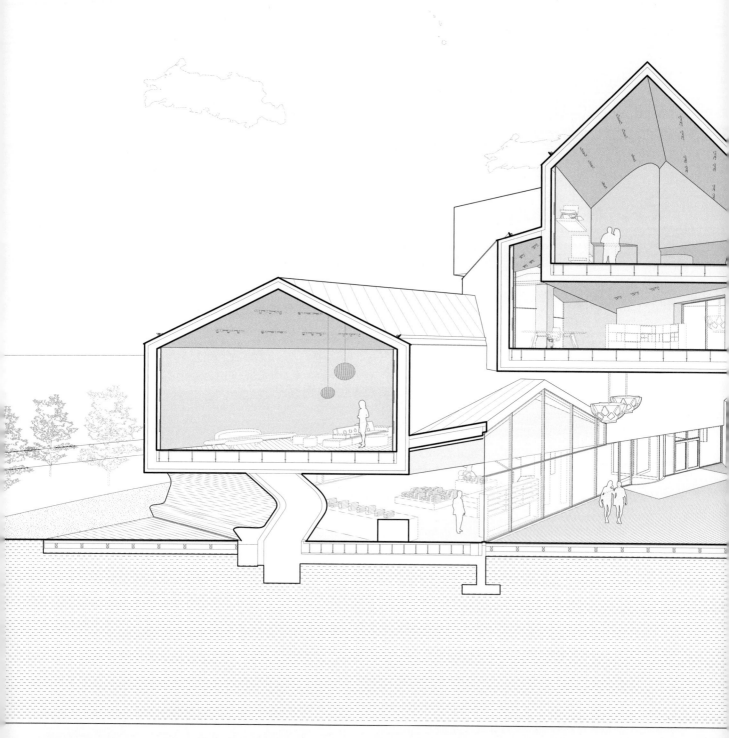

维特拉展厅 | 德国，莱茵河畔魏尔

在该建筑中，12座体量通过层叠、嵌套，创造出五层高的会议与展览中心，旨在展示维特拉家居品牌的设计。每个体量均是对坡顶房屋山墙嵌的典型剖面原型进行拉伸的结果；彼此旋转一定角度并相互嵌入。在体量交错之处，剖面迸发新的可能。雕塑感极强的曲线楼梯提供垂直交通，孤立电梯刺穿彼此相连的体量，创造独特的垂直连续性。这些体量是结

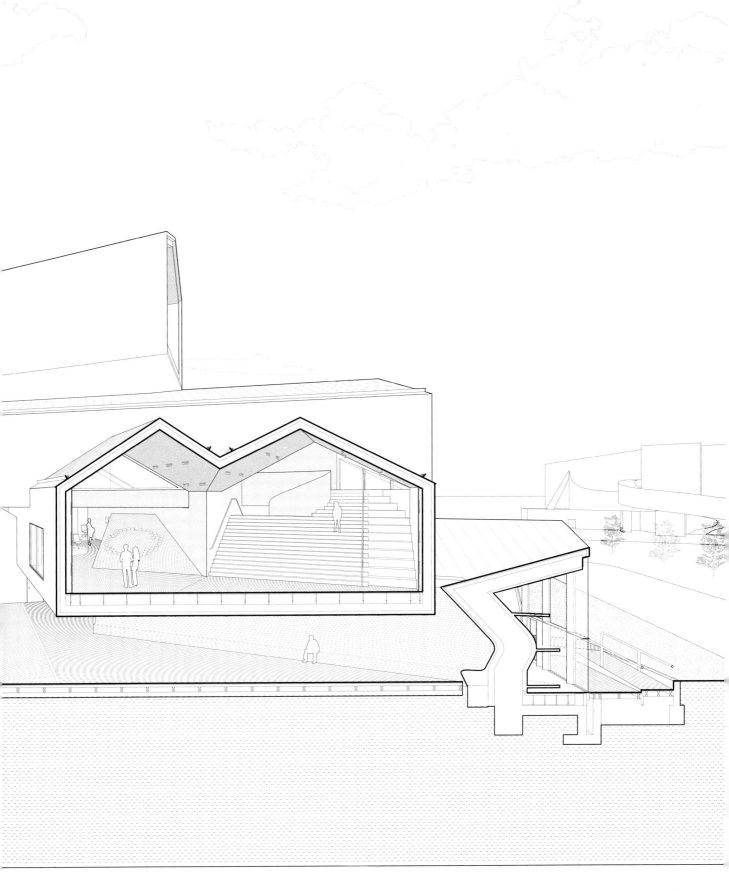

赫尔佐格与德梅隆建筑事务所 | 2009年

构性的管道,由25厘米与30厘米厚的现浇混凝土围护结构构成;端部开敞,将校园景色引入建筑。被抬升体量的尽端为悬臂结构,最大悬挑14.9米。位于地面的体量看似被压在其他体量之下产生形体弯曲,弯曲的角度与内部客户等候区的座椅相匹配。通过层叠坡顶的单元组合,建筑不仅创造了复杂的内部序列,并且塑造了不规则形的外部中庭。

拉伸+**变形**+**穿孔**+倾斜+层叠

劳力士学习中心 | 瑞士，洛森

洛森联邦理工学院的新校园中心位于一片开放场地的中央，SANAA建筑事务所将图书馆、咖啡厅、会议厅与公共活动空间包含在独立而巨大的水平体量之中。楼板采用61厘米厚的混凝土板，隆起形成曲线的壳体结构，将地面还

给校园；其下为地下停车场，将场地向地下延展。纤细的钢柱以9米×9米排列，在起伏的楼板之上支撑起钢框架胶合木天花板。该建筑可被视为三种剖面类型的结合。166.5米长、121.5米宽的矩形平面拉伸形成3.3米的层高，某些区

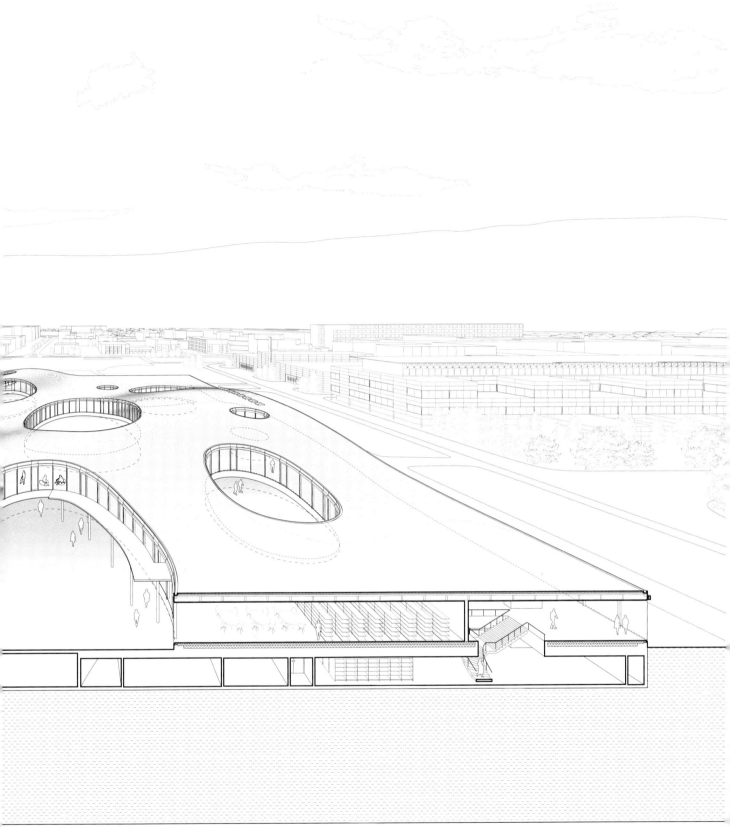

SANAA建筑事务所 | 2010年

域（如表演厅），根据特定的功能略有升高。经过拉伸的水平空间被两个拱形区域限定，与地面脱开、分层，并使各类活动的聚集与混合在变形表面内发生。该拉伸型剖面继而被14个曲线形孔洞刺穿，使光线斜向射入室内，视野亦因此丰富。该建筑混用多种剖面手法，演绎了连续的自由平面如何弯曲至垂直维度，并创造了卓越的空间质量。

层叠+**变形**+嵌套+穿孔

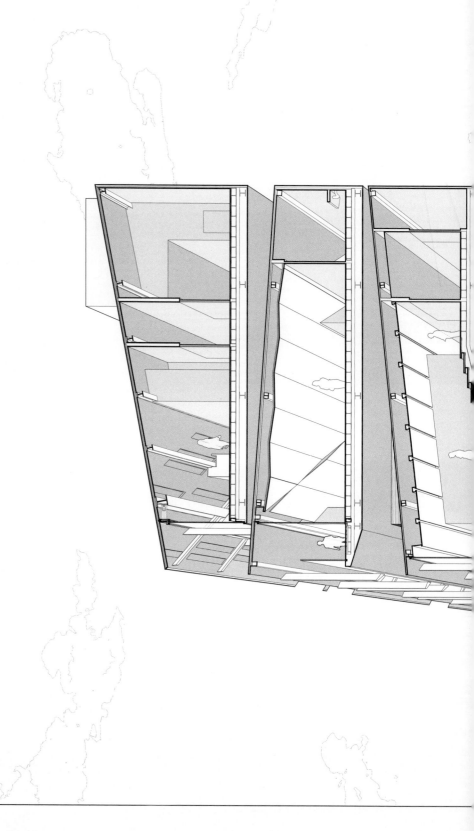

浅草文化旅游中心 │ 日本，东京

浅草文化旅游中心共有八层，毗邻东京著名的历史建筑——浅草寺。该建筑的立面呈现方式让人联想起木屋的垂直堆叠。建筑采用钢框架结构，各个体量造型独特，反映了建筑组织的不同属性——入口为双层通高的空间，报告厅为倾斜楼板，层状的会客空间在立面上表达为或斜或平的面。机械设备与储藏空间位于单个体量的变形屋顶与上层楼板之间，使

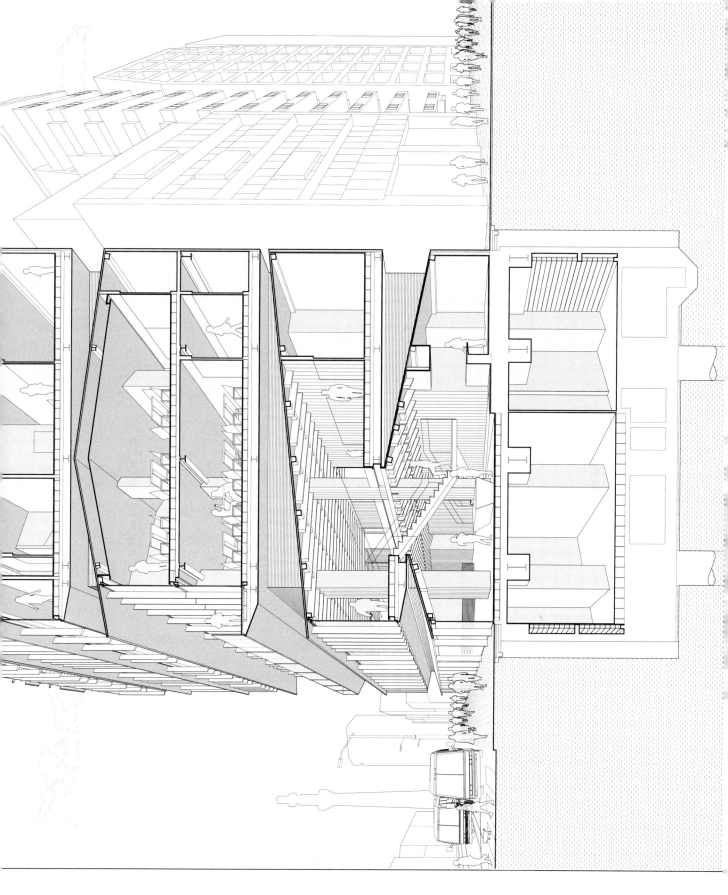

隈研吾建筑事务所 | 2012年

楼层平面保持较大程度的通透与自由。空隙服务区域表现为每组体量之间内凹，创造层次之间清晰的区分。层叠式体量拥有独立的几何形式与多变的平面布局，创造了建筑的层理感（A sense of stratification）；虽然建筑在剖面中运用了层叠、变形等多种手法，立面却采用连续的杉木格栅呈现统一性，格栅在为建筑提供遮阴的同时展现了被"切分"的城市图景。

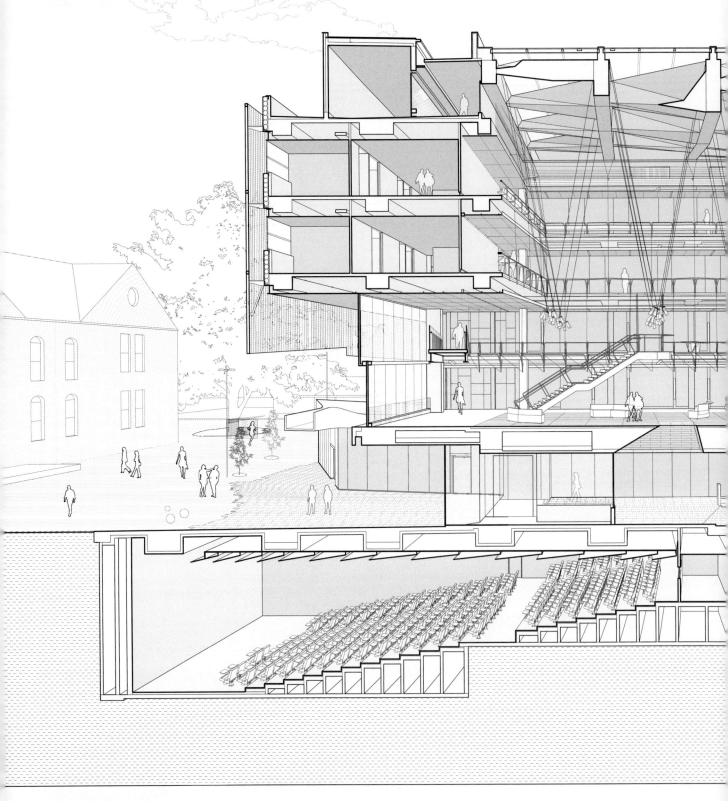

穿孔+**嵌套**+变形+倾斜+层叠

墨尔本设计学院 | 澳大利亚，墨尔本

墨尔本设计学院延续了该建筑学院将教育公开化的传统，将多种剖面手法、结构系统与材料组织进行有序结合。地面层宽敞的室内走廊位于图书室与模型室一侧，将人的视线、室内空间与外部校园相连。在地面层之上，教室、工作室和研究空间位于主要的两翼体量中，围绕着被抬升至二层的中庭，集中形成制图、展览和活动空间。走廊环绕多层中庭空间，将各个工作室联系在一起，既将工作空间延伸至房间外部，又使即兴讨论能在中庭空间内展开。两组显著的体量形

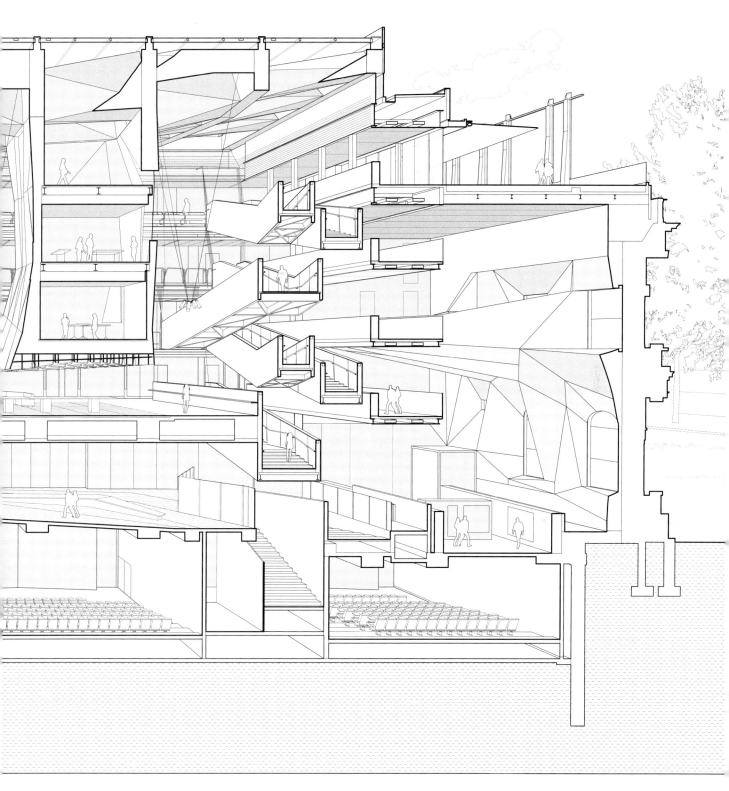

NADAAA建筑事务所/约翰·沃德尔建筑事务所 | 2014年

式嵌于中庭空间中。第一组是提供主要垂直交通的坡道，建筑师将其底部的钢结构暴露在外，风格鲜明。第二组是外覆木材的体量，作为评图委员休息室。格栅顶棚将光线漫射入建筑内部，其下悬挂多面几何形的遮阳板，延续建筑的雕塑式体量。该建筑集成了倾斜、嵌套、变形、层叠与穿孔型剖面，以创造极具活力的教育与学习环境。

层叠+穿孔+切削+变形

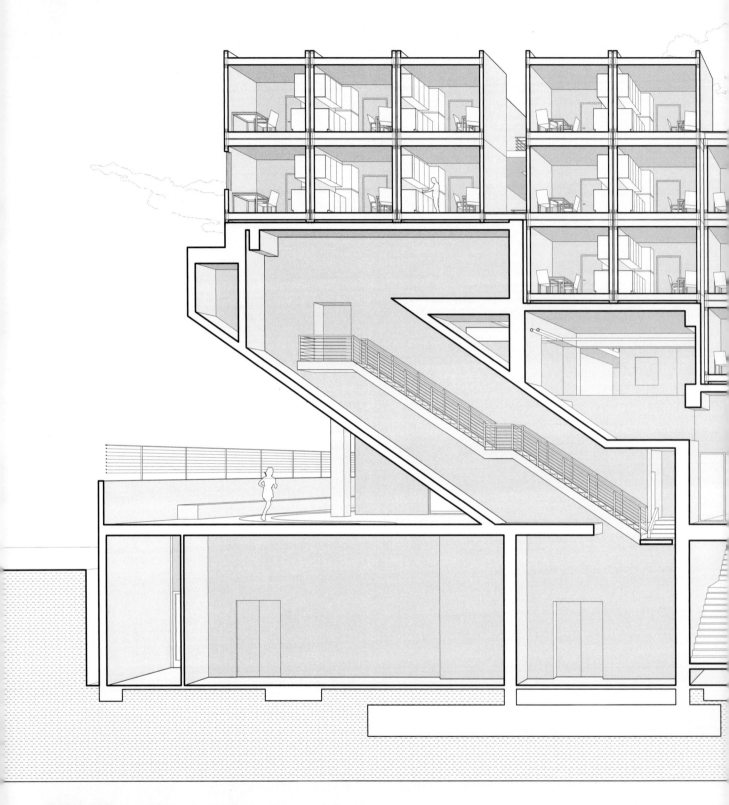

星辰公寓 | 美国，加利福尼亚州，洛杉矶

对于星辰公寓这一复合功能建筑而言，人们从其体块中可以清晰解读该建筑的组织、结构与剖面的对应关系。建筑师对现有穿层建筑进行改造，使零售空间与主入口面向街道展开，共四层的102间公寓位于其上，这里曾是流浪汉的居所。居住单元采用木质预制件，堆叠于阶梯状混凝土平台之上，而平台依靠原有混凝土柱网支撑。多种室外公共功能可

迈克尔·毛赞建筑事务所 | 2015年

组织于原有屋顶与新建屋顶之间的空间内，例如花园、篮球场以及运动跑道。容纳楼梯的三组体量将"倾斜"的形式特点体现于建筑外观中，仿佛将公寓单元戏剧性地举到半空。

模块化的公寓单元层叠排列，室外平台和通道交错布置。该建筑集成了层叠、变形、切削与穿孔的剖面手法，使低成本的都市集合住宅亦能享有室外与室内空间丰富的组合。

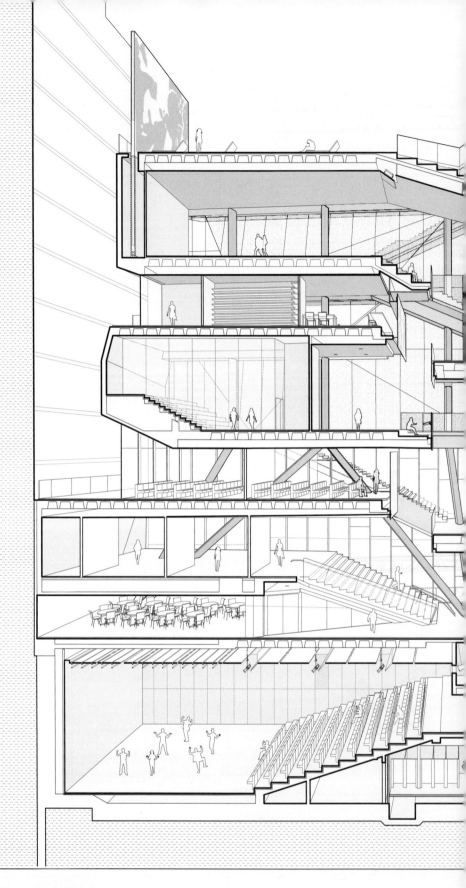

切削+层叠+倾斜+穿孔

里约热内卢视听博物馆｜巴西，里约热内卢

视听博物馆毗邻里约热内卢的科帕卡瓦纳海滩；它将展览楼层、零售与餐饮楼层交错布置，楼板彼此相离，切削出的空间成为垂直中庭。在其矩形平面中，社交与展览功能位于流线中线性的条状区域之间，分别位于内外两侧。表演厅位于地下，露天电影院则位于屋顶。在立面上，连续的室外流线与狭长楼梯将罗伯特·布雷·马克斯（Roberto Burle Marx）的经典街道设计延续到建筑之上，逾越室内室外的界线，并使地面层之上的功能空间更具可达性。立面呈现的

迪勒·思科费得+伦弗罗建筑事务所 | 2016年

垂直流线成为该建筑的显著特点。沿着这一垂直序列，立面表皮部分采用定制的、带有孔洞的砌块，使人们能望见博物馆外部的景观，并使自然光进入馆内。尽管建筑是倾斜、层叠、穿孔、垂直切削等复杂剖面手段的集合，该剖面却生动展现了里约热内卢的社会与文化生命力。

LTL建筑事务所
剖面设计

LTL建筑事务所一向将剖面置于建筑设计中显著的地位——它不仅是表现技法之一，用以阐述结构、形式与内部空间，同时是设计创造的核心所在。若说平面图吸收了诸多建筑趣味，作为控制功能、组织与运动的方法，我们认为剖面是与社会、环境与材料等要素建立密切关系的关键手段。基于剖面的设计思考确立了建筑形式、内部空间与场地条件之间的关系，从中可得基于尺度的、切实有形而出于本心的设计结果。作为一种不可见的"切割"，剖面是建筑实验与探索的重要领域之一。

层叠+穿孔+倾斜

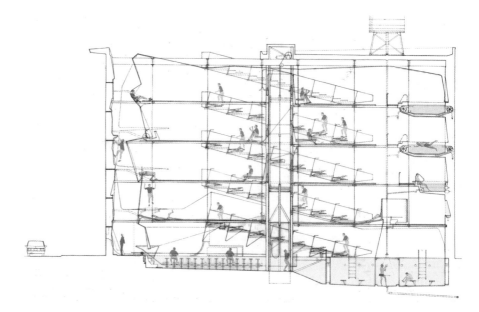

体育俱乐部（Sport Bars）

美国，纽约州，纽约市 | 1997年

该项目为都市康体俱乐部与体育酒吧设计，将离散的活动通过剖面加以联系，消解建筑、器械与身体的界限。我们将单人运动器械融入建筑系统之中：建筑立面同时是攀岩墙，双层膜表皮同时是阻力膜，电梯配重与机器重量位于相同垂直维度，管道系统整合游泳与淋浴设施。将以上系统沿三组垂直井或孔洞布置，使视线上下贯通；由此，我们为久坐不动的顾客提供了两种图景：一是电视机中的体育节目，二是上层空间内人们运动的场景。

切削+**倾斜**+嵌套+层叠

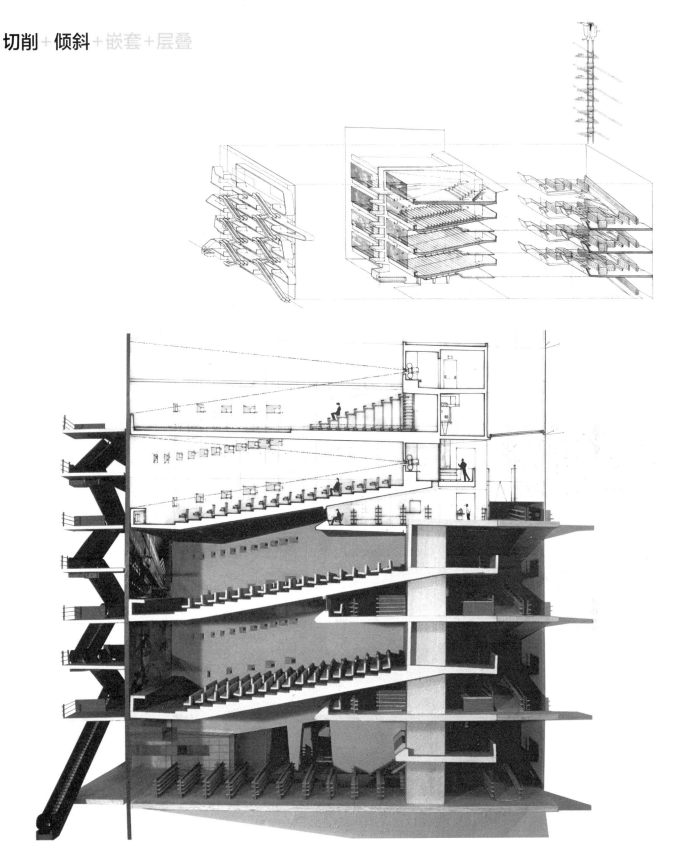

影音俱乐部（Video Filmplex）

在该体现电影文化魅力的方案构架中，我们通过嵌套多样的变形空间对剖面操作加以强调，基于斜面的建筑组织使适应不同活动的空间罕见地相连。音像店位于倾斜剧场层之间的间质空间内。洗手间夹在剧院的层状空间之间，使人即使在洗手间内仍能观看电影。倾斜楼板与水平楼板形成两套系统，经过垂直切削，立面成为连续的公共空间，将影音俱乐部的两翼衔接为一个整体。

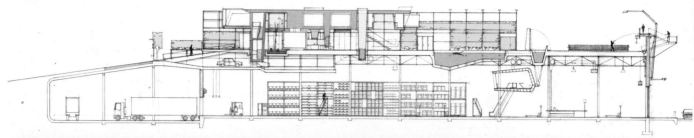

层叠+嵌套+穿孔

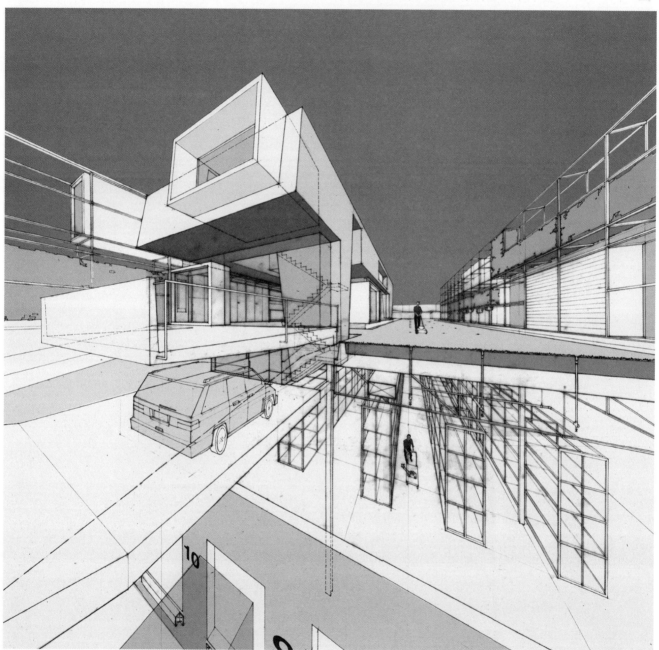

新市郊（New Suburbanism）

美国郊区原型设计 | 2000年

该提案将郊区对于小型住宅与大型商店的需求重新配置并组合。我们创新设计的剖面形式符合人们对于"美国梦"的理解，同时缓和了郊区的水平蔓延。居住空间位于大型商店的顶层，作为郊区化的空间原型。两套系统共享结构与机械等基础设施，通过剖面设计实现空间的高效性。上层居住单元与下层的商业、停车空间相互独立，尽管二者紧密相连。物质与视觉的连续性仅由环绕街区的倾斜道路实现。

大埃及博物馆（Great Egyptian Museum） 埃及，吉萨 | 2002年

该博物馆建筑面积近40万平方米，以巨大的体量容纳并展示了埃及文化艺术的辉煌历史；我们运用剖面设计，将天空与大地相互交织。玻璃顶棚装有太阳能光伏板，架设在有粗糙条纹的桥塔形式之上。倒楔形的玻璃罩提示人与天空的关系，而沧桑的石桥塔屹立于地表砂石之上。玻璃顶棚与桥塔的形象构成多变的剖面效果，体现展览空间将建筑、物件与景观相融合的多种可能性。

倾斜+**穿孔**+**层叠**+切削+嵌套+变形

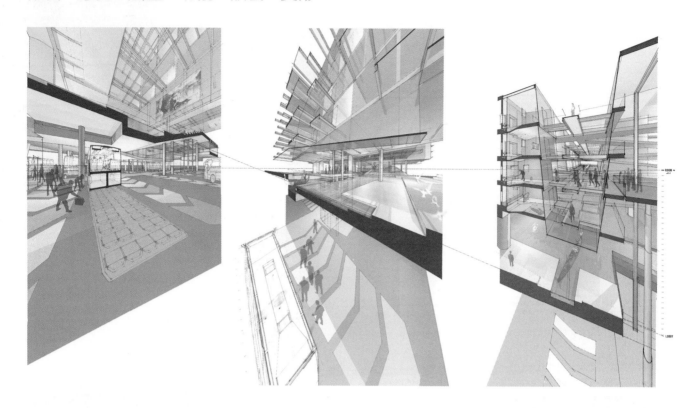

观光巴士旅馆（Tourbus Hotel） 德国慕尼黑与意大利威尼斯之间 ｜ 2002年

该旅馆是为往返慕尼黑与威尼斯之间的观光巴士而设，位于高速公路旁；通过多种剖面类型的混合，将欧洲巴士游这种具有独特的组织与社会影响力的旅游方式进一步推广。客房分为五个部分，以层状空间组合；引入水平切削使阳光进入房间，沿走廊设置中庭使视线得以连通；整座建筑位于露天大堂之上，一部分是休闲景观，另一部分是巴士停靠点。通过垂直切削与倾斜的剖面方式，我们在大堂内将相近的功能组织起来。坡道从大堂延伸向上，超大尺度的电梯则将巴士停车场与层状的客房相连。

嵌套+**层叠**

伯恩胡特宿舍楼（Bornhuetter Hall）

美国，俄亥俄州，伍斯特｜2004年

出于空间效率、声学控制与层次结构的考虑，该宿舍楼采用典型的层叠型剖面，各楼层由楼板完全隔开。为在诸多限制中增加社交空间并加强视线联系，我们设计了外部入口庭院，由建筑外立面围合，作为整座建筑的核心。悬挑书房嵌入体量之中，在集体空间中植入私人学习空间。入口庭院作为公共事件的发生地，使人群日常的进出行为更具戏剧化。

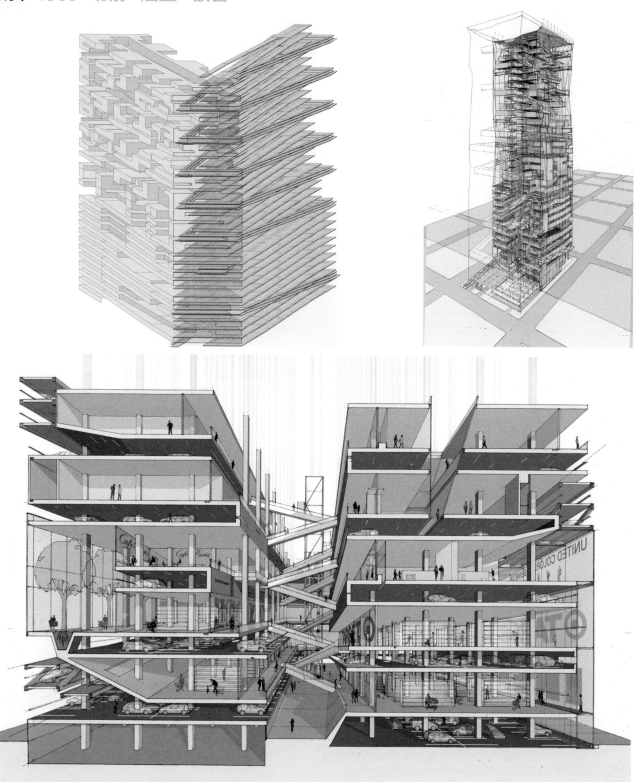

停车塔楼（Park Tower）

美国，纽约州，纽约市 | 2004年

该项目作为创想型的设计，尝试在倾斜型剖面中探索空间的可能性，创造一座为零排放汽车设计的大楼。该设计始于对停车楼Z字形坡道的分析，通过车库与住宅夹层的多层次交织，将停车空间与居住空间相结合。随着塔楼的升高，双螺旋结构逐渐变化，将多层中庭置入剖面形式中，在引入阳光的同时活跃视线的联系。

倾斜+**层叠**+穿孔+嵌套

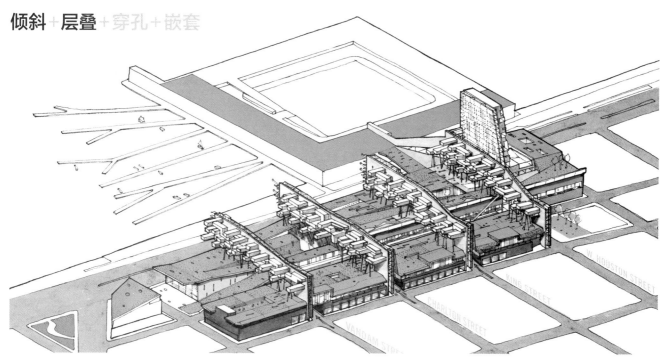

网格街区与车辆禁行区构想
（The Grid and the Superblock）

美国，纽约州，纽约市 | 2007年

纽约市中心区两个自20世纪起的车辆禁行区，打破了曼哈顿区肌理网格的规整性。面对此问题，我们提出以下设想：在剖面设计的刺激下，车辆禁行区不规则的城市结构特异性能否促生新型的都市主义？街道网格向东西方向延伸，跨越禁行地带的独立街区，向上抬升为"住宅桥"；同时将大型屋顶作为抬起的城市地表，利用天窗引入日光，布置坡道连接各处。虽然纽约的大部分城市街区已采取空间分层的形式，本提案试图将"都市主义"进行更多层次的创造。

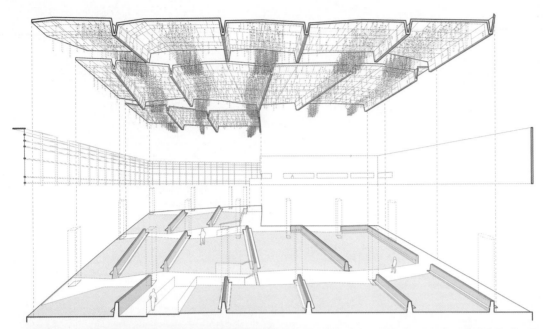

米高梅酒店自助餐厅
（The Buffet at the MGM Grand）

美国，内华达州，拉斯维加斯 | 2009年

在设计该600席的自助餐厅时，我们主要通过拉伸型剖面的设计，在赌场楼层中创造就餐体验。我们将内嵌的地板与天花板进行变形，在整体空间内划分区域。高椅背打断水平性的大空间，天花板亦产生相应褶皱，在嵌套式体量内强调空间划分。地板与天花板之间存在间隔，在整个餐饮空间内限定水平性的切割，使人们在就餐时能环视后厨的忙碌景象与室外的泳池景观。

切削+穿孔+层叠

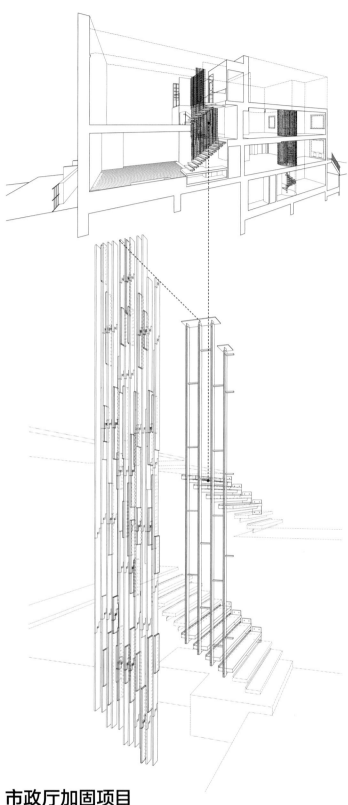

市政厅加固项目
（Spliced Townhouse）

美国，纽约州，纽约市 ｜ 2010年

为对现存的战前市政厅进行更新改造，我们将之前不在同一公寓内的六层不同空间相互交织融合，以创造市政厅的空间统一性。相比于试图消解层与层不相平的状况，我们将其视为垂直切削如实暴露，并在高差之间加设钢制橡木楼梯。楼梯部分悬挑、部分悬空，占据分离楼板之间的接合处，将楼层的不同层次进行"缝合"，同时在剖面空间中加强了视线的互动性。

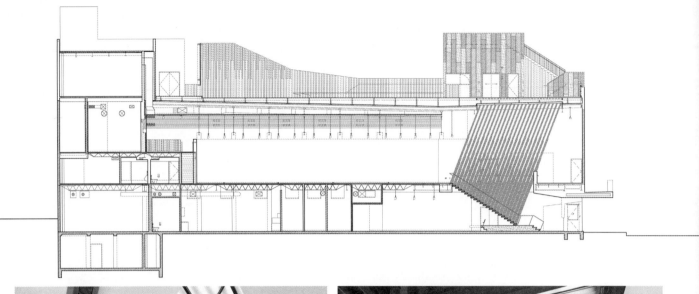

艺术之家（Arthouse）

美国，德克萨斯州，奥斯汀｜2010年

该项目为当代艺术中心的改造设计，为向原有层状空间内注入活力，并引导游客由大堂步入位于二层的主展厅，我们在室内创造整体通高空间，将一座楼梯由屋顶悬挂至底层。楼梯共有21节踏板，楼梯侧板在两个维度上倾斜，倾斜度延续

了楼梯边缘的几何特点。细部反映了整体剖面的形式逻辑。由于倾斜侧板的存在，人们从街道层次的入口步入二层的大型展厅时，会发现楼梯随高度上升而逐渐变宽。

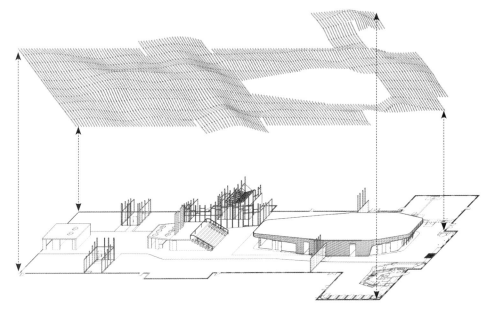

CUC校园行政中心
（CUC Administrative Campus Center）

美国，加利福尼亚州，克莱尔蒙特｜2011年

该行政中心项目是对现存建筑的改建，原有单层结构的限制使开放性办公的设想较难实现。尽管如此，我们充分利用层高较高与空间无柱的特点，在其中嵌套独立的社交空间与适于公众聚集的露天阶梯座椅。我们在建筑中使用定制的挡板条形成屋顶的变形曲面，将整个空间统合。云雾状起伏的屋顶限定公共空间的范围，包覆机械系统，并留有空隙使自然光进入室内。

穿孔+**倾斜**+变形+层叠+嵌套

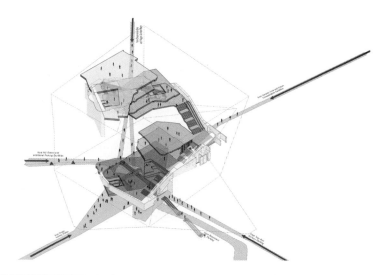

新北市艺术博物馆
（New Taipei City Museum of Art）

中国台湾，新北市 ｜ 2011年

作为新北市艺术博物馆的竞标方案之一，我们将建筑塑造为从连续的底层大厅中升起的棱柱形体量。大厅结合中庭与阶梯，在八层层状空间中延伸向上，根据视线关系、日照要求与内部功能变化向不同方向偏移。在建筑任一平面中，大厅的形式均可被清晰阅读，而它在剖面体现出持续变化的复杂性则创造了动态的漫步体验，这是变形、倾斜与穿孔等剖面类型共同作用的结果。

层叠＋穿孔

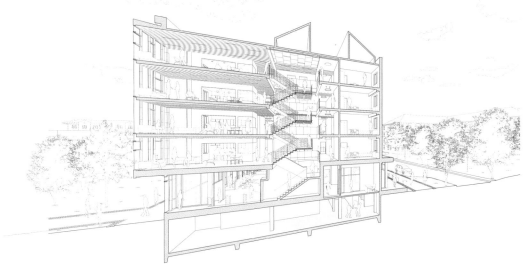

六号宿舍楼
（Living and Learning Residence Hall 6）

美国，华盛顿特区 ｜ 2012年

该宿舍楼是为供聋人和弱听人士就读的高等学院——高立德大学的学生而设计，我们运用穿孔型剖面打断宿舍建筑形式的同质性，并满足学校根据弱听人士特点而制定的建筑标准。我们在层状空间中加入四层高的中庭，并置入一座主要楼梯，保证左右两侧的空间连续性。中庭与楼梯成为空间的视线焦点，为弱听人士增加交流机会，提高生活的愉悦感。

倾斜+穿孔+嵌套+层叠+变形

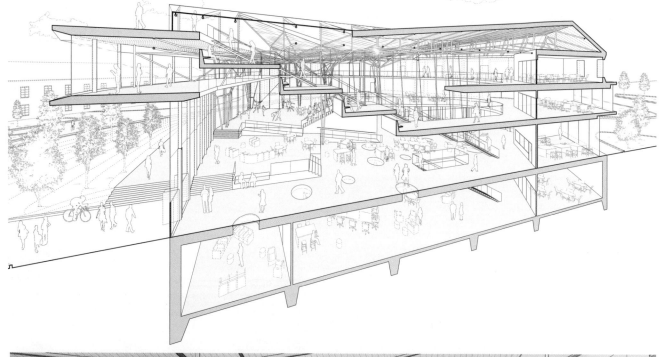

人文科学大学校园活动中心
（Liberal Arts College Campus Center）

美国东北部 ｜ 2014年

该方案为校园活动中心建筑原型设计，我们运用倾斜与整体穿孔等剖面手法以强化公共空间与学术空间之间的关系。办公室与教室沿中庭周边布置。我们将中庭楼板倾斜、变形，以满足组织活动的特异性、多样性与灵活性，沿游览路线增加交流的可能。变形屋顶与嵌套式空间使空间的能量交换更高效，在内部体量中创造不同梯度的温度区。该中庭将校园引入建筑，又将建筑完全释放给校园。

层叠 + 嵌套 + 穿孔

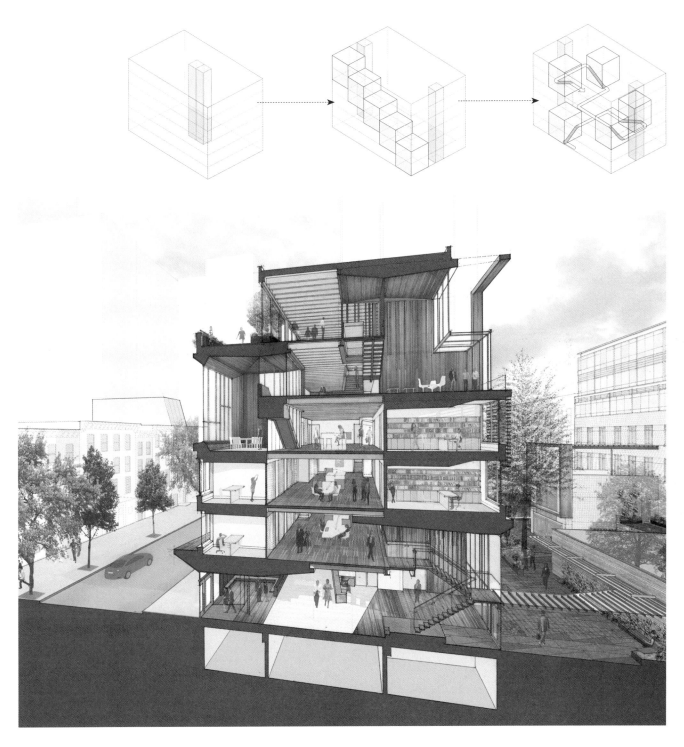

办公楼（Office Building）

美国，纽约州，纽约市 ｜ 2015年

该项目是为一家公益组织的新办公楼而设计，我们运用几组两层通高的体量作为剖面要素，以烘托高效的平面组织。这五组独特的空间作为层状空间内的"孔洞"出现，将不同楼层的公共空间与藏书室、会议厅相连。通过将楼梯整合进该空间之内，我们希望连续的漫游路径能从底层逐渐向上，在营造交流空间的同时，为人们创造在建筑中相遇的机会。

剖面图索引（按高度排序）

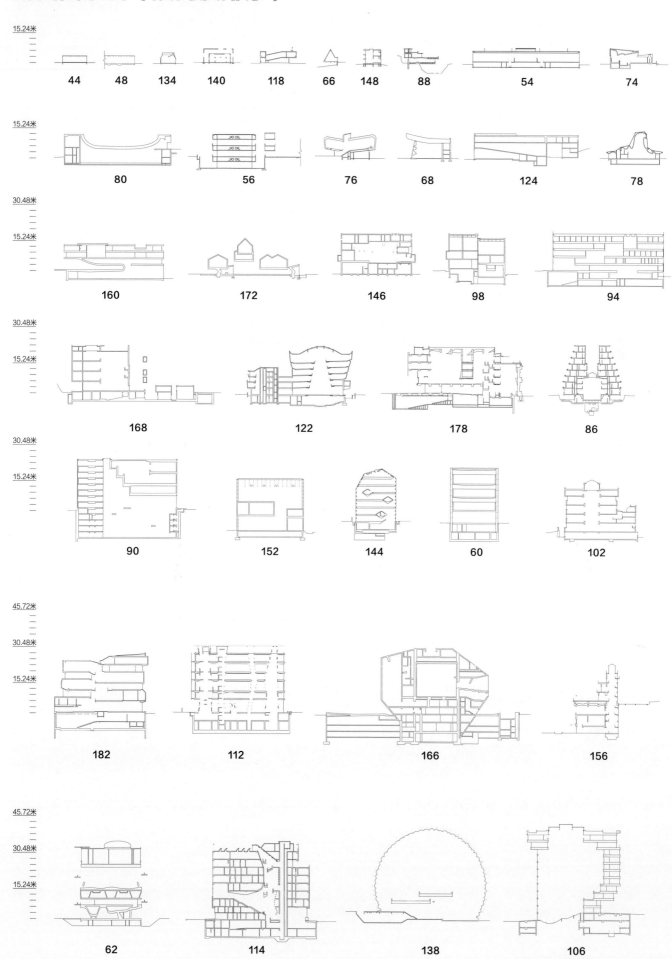

15.24米

44　48　134　140　118　66　148　88　54　74

15.24米

80　56　76　68　124　78

30.48米
15.24米

160　172　146　98　94

30.48米
15.24米

168　122　178　86

30.48米
15.24米

90　152　144　60　102

45.72米
30.48米
15.24米

182　112　166　156

45.72米
30.48米
15.24米

62　114　138　106

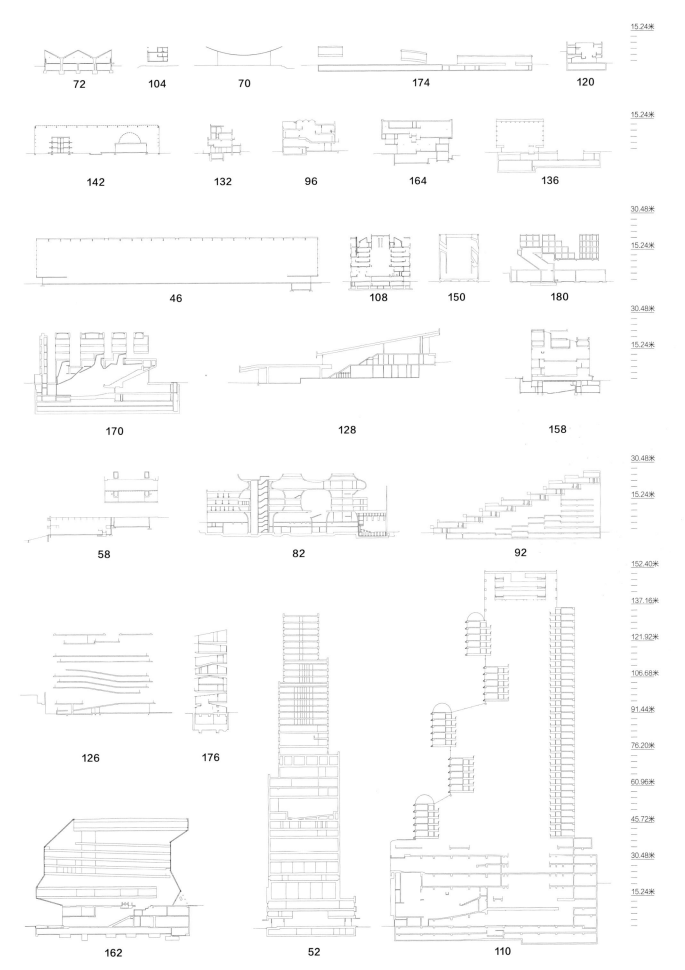

72   104   70   174   120

15.24米

142   132   96   164   136

15.24米

46   108   150   180

30.48米
15.24米

170   128   158

30.48米
15.24米

58   82   92

30.48米
15.24米

126   176   52   110

152.40米
137.16米
121.92米
106.68米
91.44米
76.20米
60.96米
45.72米
30.48米
15.24米

162   52   110

建筑作品索引

Each of the sixty- three drawings in this book was produced through a multilayered process involv-ing research, the careful examination of photographs and drawings, the production of digital models of the buildings, and the translation of those models into sectional perspectives composed of only lines. LTL Architects would like to thank the following people for their contributions to this book: Cyrus Peñarroyo and Alec Henry fulfilled crucial management responsibilities in the design and development of the book as a whole; Alec Henry also assisted in adjustments across all the drawings, as did Erica Alonzo, Kenneth Garnett, Jenny Hong, Christine Nasir and Corliss Ng. This book would not have been possible without the dedicated and precise efforts of many talented individuals. Below we recognize the people who worked on the drawings found on the listed page numbers. Although it was not uncommon for a number of people to be involved in each drawing over the course of its development, an asterisk denotes the completion of substantial aspects of the drawing's development.

Erica Alonzo
46*

Laura Britton
44 80* 82* 150*

Nerea Castell Sagües
54 76* 80 94* 106* 120* 122* 148 168

Debbie Chen
62* 70 78* 86 96* 110* 134 166* 168*

Erica Cho
104* 124* 180*

Kenneth Garnett
60 78 88 94 102 136 182

Kevin Hayes
76* 126* 136* 140*

Alec Henry
56 134* 162

Krithika Penedo
72* 74 78* 86 96* 126* 142*

Rennie Jones
56* 74 86 102 110* 140

Van Kluytenaar
94* 108* 128* 158* 178*

Anna Knoell
86 102 108 124 134 146 150

Zhongtian Lin
44 48 62* 66 70* 74 82* 92* 108*
110* 112* 128 136* 140 144 156*

160* 162 164 172* 180*
Lindsey May
54* 62 74 90 92 96 102 110 112
120 152* 160*

Asher McGlothlin
136

Cyrus Peñarroyo
52* 60* 68* 72 74 90* 98 114 132*
138* 150 152* 170* 174* 176*

Anika Schwarzwald
56 68 72 88 118 120 126 132 140

Hannah Sellers
86 94

Abby Stone
66* 118* 146* 148* 152* 164*

Yen-Ju Tai
138

Regina Teng
48* 58* 60* 74* 104* 144* 172

Antonia Wai
98* 102* 114* 158* 162* 164 166*
176 178* 182*

Chao Lun Wang
88* 102*

Tamara Yurovsky
54* 56 162*

Weijia Zhang
128 146

The sixty-three drawings in this book are the work and interpretation of LTL Architects, executed within the offices of LTL Architects. Work for this publication has been partially supported by Princeton University School of Architecture and by Parsons School of Design at The New School.No unpaid intern labor was used in the production of this work.

图片版权

Editor: Sara Stemen Design: Lewis.Tsurumaki.Lewis

Special thanks to: Janet Behning, Nicola Brower, Abby Bussel, Erin Cain, Tom Cho, Barbara Darko, Benjamin English, Jenny Florence, Jan Cigliano Hartman, Lia Hunt, Mia Johnson, Valerie Kamen, Simone Kaplan-Senchak, Stephanie Leke, Diane Levinson, Jennifer Lippert, Sara McKay, Jaime Nelson Noven, Rob Shaeffer, Paul Wagner, Joseph Weston, and Janet Wong of Princeton Architectural Press —Kevin C. Lippert, publisher

Library of Congress Cataloging-in-Publication Data:

Names: Lewis, Paul, 1966- author. | Tsurumaki, Marc, 1965- author.

| Lewis, David J., 1966- author.

Title: Manual of Section / Paul Lewis, Marc Tsurumaki, David J. Lewis.

Description: First edition. | New York : Princeton Architectural Press, 2016 | Includes index.

Identifiers: LCCN 2015047210 | ISBN 9781616892555 (alk. paper)

Subjects: LCSH: Architectural sections. | Architecture, Modern—20th century—Designs and plans. | Architecture, Modern—21st century—Designs and plans.

Classification: LCC NA2775 .L49 2016 | DDC 724/.6—dc23

LC record available at http://lccn.loc.gov/2015047210

This book
is dedicated to:
Kim Yao
Sarabeth Lewis Yao
Maximo Lewis Yao
—Paul Lewis
Carmen Lenzi
Kai Luca Tsurumaki
Lucia Alise Tsurumaki
—Marc Tsurumaki
Quinn Arnold Lewis
Jonsara Ruth
—David J. Lewis

致谢

本书是多年协同工作的结果，仰赖于各机构、公司、同事、朋友与家人的慷慨支持。我们必须承认，LTL建筑事务所工作人员的耐心与才华是创作本书的支柱，无论是前期讨论还是最终评价，均体现了他们极强的责任心与创造力。在本书创作的过程中，我们收到了建筑行业同仁们的诸多鼓励与支持，他们慷慨付出的时间与精力，共同构架了本书对于剖面的论述。我们特别要感谢Stan Allen, Stella Betts, Dana Cuff, David Leven, Arnold Lewis, Beth Irwin Lewis, Guy Nordenson, Nat Oppenheimer, Peter Pelsinski, Jonsara Ruth, Karen Stonely, Enrique Walker, Saundra Weddle, Robert Weddle, Sarah Whiting和Ron Witte, 他们对于建筑形式的深刻理解极大地丰富了本书的内涵。感谢付出时间与精力保证图纸准确性与清晰度的员工们，他们是Gerard Carty, Elizabeth Diller, Michael Maltzan, Michael Manfredi, Chris McVoy, Charles Renfro, Shoji Sadao, Ricardo, Scofidio, Nader Tehrani, Marion Weiss以及Robert Wennett。

我们感谢所有的建筑师和工程师，是他们的辛苦工作构建了建筑学的讨论基础，支撑了本书的论点与图绘。在创作本书的主要部分，即63幅剖透视图的过程中，诚挚感谢以下个人与团体的慷慨帮助：阿尔瓦·阿尔托博物馆阿塞博克斯阿隆索工作室、哥伦比亚大学图书馆埃弗里建筑与艺术学院、丽娜·博·巴尔迪机构、BIG建筑事务所、马塞尔·布劳耶数字档案馆、雪城大学图书馆、斯坦福大学图书馆收藏的贝克明斯特·富勒档案、城市建筑与遗产档案（Citéde L'architecture et du Patrimoine）、迪勒·斯科菲迪奥＋伦弗罗建筑事务所、福克萨斯建筑事务所、格拉夫顿建筑事务所、亨宁·拉森建筑事务所、HH建筑事务所、斯蒂文·霍尔建筑事务所、伊东丰雄建筑事务所、乔达建筑事务所（巴黎）、宾夕法尼亚大学建筑学院收藏的路易斯·康档案、隈研吾建筑事务所、柯布西耶基金会、迈克尔·毛赞建筑事务所、摩弗西斯建筑事务所、查尔斯·摩尔基金会、现代艺术博物馆收藏的密斯·凡·德·罗档案、MVRDV建筑事务所、NADAA建筑事务所、诺特林·里丁克建筑事务所、大都会建筑事务所、佩佐·冯·埃尔里奇豪森建筑事务所、约翰·波特曼建筑事务所、耶鲁大学图书馆收藏的凯文·罗奇和约翰·丁克洛建筑事务所手稿和档案、罗伯特·A·M·斯特恩、国会图书馆收藏的保罗·鲁道夫档案、加州大学圣塔巴巴拉分校艺术博物馆收藏的鲁道夫·M·辛德勒档案、麦克·斯科金＋梅里尔·埃拉姆建筑事务所、韦斯/曼弗雷迪建筑事务所、哥伦比亚大学埃弗里建筑与美术图书馆收藏的弗兰克·劳埃德·赖特档案。

感谢普林斯顿建筑出版社对本书的长期支持和鼓励。特别感谢编辑Megan Carey在写作初期提供的宝贵见解和指导；Sara Stemen，她的耐心反馈为本书的付梓提供了巨大的支持。另外，衷心感谢Kevin Lippert在本书写作过程中关于建筑学理论研究的长期付出。

最后，衷心感谢Daina Tsurumaki, Toshi Tsurumaki, Chris Tsurumaki, Beth Irwin Lewis, Arnold Lewis和Martha Lewis，来自家人的支持与鼓励是我们永远的动力。